员工岗位技能培训系列教材

票务管理（初级）

哈尔滨地铁集团有限公司　编

西南交通大学出版社

·成　都·

图书在版编目（CIP）数据

票务管理：初级／哈尔滨地铁集团有限公司编. —
成都：西南交通大学出版社，2019.7
员工岗位技能培训系列教材
ISBN 978-7-5643-6991-0

Ⅰ. ①票… Ⅱ. ①哈… Ⅲ. ①城市铁路－轨道交通－
售票－管理－技术培训－教材 Ⅳ. ①U293.22

中国版本图书馆 CIP 数据核字（2019）第 152560 号

员工岗位技能培训系列教材

Piaowu Guanli（Chuji）

票务管理（初级）

哈尔滨地铁集团有限公司 编

责任编辑 罗爱林
封面设计 毕 强

出版发行 西南交通大学出版社
（四川省成都市金牛区二环路北一段 111 号
西南交通大学创新大厦 21 楼）
邮政编码 610031
发行部电话 028-87600564 028-87600533
官网 http://www.xnjdcbs.com
印刷 四川煤田地质制图印刷厂

成品尺寸 210 mm×285 mm
印张 5.75
字数 122 千
版次 2019 年 7 月第 1 版
印次 2019 年 7 月第 1 次
定价 25.00 元
书号 ISBN 978-7-5643-6991-0

课件咨询电话：028-87600533

哈尔滨地铁集团有限公司
培训系列教材编写委员会

主　任	马柏成	姜庆滨		
副主任	刘宝玉			
主　编	范国荣			
副主编	苏雪芳			
委　员	孟　晔	丁　晶	王玉斌	封玉德	张玉库
	沙天瑜	邹永志	王　皓	王英龙	毕　强
	耿占东	朱松滨	李学友	李春辉	崔　敏
	李文博	公严鸿	吴文冠	王龙云	张　磊
	孟祥龙	关苹苹	张艺天	姜海波	吕博瑶
	倪世钱	汪新华	刘炳强	刘宇博	杨　钊
	张雁艳				
评审专家组	李广俊	樊德亮	黄旭虹	王春玲	杨永芝
	徐金薇	张琼燕	曹新康	蒋红梅	岳战威
	柴宇飞	王松海			

本书编写人员

主　编　刘宇博

主　审　吴　博

哈尔滨地铁编写人员　刘宇博　邱　明　于　鹏　尹　璐

合作院校　哈尔滨职业技术学院

院校编写人员　马　乐

序

2008 年，哈尔滨地铁开工建设。10 年间，我们走过了一条奋斗者的创业之路，企业的人才培养也必须紧跟发展定位，向标准化、规范化方向努力。培养"老员工"的与时俱进和更新知识势在必行；培养"新员工"的高端起步和新技术应用是当务之急。企业倾其情、尽其能抓员工教育；员工把培训作为前进的动力、改变自我的平台、提升技能的手段和实现人生价值的途径。

城市轨道交通作用的发挥，依靠系统安全和高效运营。城市轨道交通系统设备先进、结构复杂，高新技术应用越来越普及，要保障这一庞大系统的安全稳定，必须依靠与之相协调的高素质人才。轨道交通行业员工队伍中 2/3 以上是技术工人，他们是企业的主体，他们的素质直接关系到企业的生存和发展。因此，企业只有拥有一支高素质的技能人才队伍，培养一批技术过硬、技艺精湛的能工巧匠，才能确保安全生产，提高工作效率，提升非正常情况下的应急处理能力。

岗位技能培训是人才培养的重要途径，是提高企业核心竞争力的重要手段，而岗位技能培训的过程和结果，需要相应的培训教材作支撑。哈尔滨地铁集团有限公司通过几年的工作实践，深感编写具有企业设备设施和运营组织特点、满足岗位技能培养需要、确定合作院校教学大纲的教材的重要性。为适应目前"校企合作，工学结合"的人才培养模式，我们围绕哈尔滨地铁的重点专业、重点岗位，采取企校联合的办法，编写了哈尔滨地铁集团员工岗位技能培训系列教材（共 12 册）。后续我们将持续更新，做到各岗位、各等级全覆盖。在编写教材的过程中，我们组织了一批轨道交通职业院校的教师和地铁一线的专业工程师对教材进行了认真编撰，各设备厂商也积极参与，大家建言献策，群策群力，共谋地铁人才教育之道。

这套教材的主要特色如下：

（1）以哈尔滨地铁规章规程为主，以通用基础知识为辅，突出哈尔滨地铁设备的特征，注重理论与实操相结合，适用于员工入门培训及初级岗位技能培训。

（2）采用模块化的编写方式，结合岗位特点，将知识点重新梳理、整合，做到了教学目的明确、教学重点突出。

（3）结合哈尔滨地铁应急处置、故障分析、典型案例等方面的处理经验，并配以大量现场设备图片、处理程序、操作流程图等进行详细解说，做到理论与现场相结合，实现上岗零对接。

（4）注重"学练"结合。教材中每个模块、每个项目、每个知识点都提炼出相应的习题，给出了测试要点，做到学考统一。

在迈向新征程之际，所有参与企业教育的工作者，将多年的经验和所得凝聚成这套系列教材，借鉴了同行业的思路，受益于上海、宁波、重庆等同行业的指导。尽管这套教材有很多不完善之处，也有不成熟的想法，但在蹒跚之中，我们必须要走出一条管理者的创新之路。

谨以此书，献给为哈尔滨地铁事业奉献青春年华的所有建设者，献给默默工作在一线的广大员工，献给未来与企业共发展的奋斗者！

范国荣

2019 年 7 月

前　言

近年来，国内城市轨道交通的建设和发展进入快速发展阶段，至 2019 年年初已有 31 座城市的城市轨道交通线路投入运营。在这一发展趋势下，城市轨道交通的运营维护工作产生了大量的高素质人才需求，也具有岗位技能掌握扩展、专业知识学习前置的从业人员培养特点。

在城市轨道交通运营管理维护工作中，票务管理是一项综合性较强的工作，涉及客运服务、钱款管理、车票运转和计算机系统维护等。随着互联网支付等新技术、新工艺在城市轨道交通行业的推广与深入，城市轨道交通票务管理工作也开始出现新的变化。本教材主要以哈尔滨地铁相关技术标准与工作经验为基础进行编写，并结合行业发展经验，对票务管理工作基础内容与互联网支付技术应用方式进行了描述，内容涵盖城市轨道交通自动售检票基础知识、现金票款审核、票卡作业、清分结算作业、自动售检票系统参数管理、客流数据统计与分析、自动售检票系统中央级设备维护与互联网票务简介，适用于从业人员对票务管理整体工作的了解和入门学习。

另外，对于车站级的票务管理与作业内容，主要体现在本系列教材《站务专业（初级）》中，本教材未做详细描述。

由于编者自身工作与认识有限，加之城市轨道交通行业应用的各项技术与管理模式发展迅速，教材中难免出现遗漏与不足之处，敬请读者朋友与行业内专家批评指正。

编　者

2019 年 6 月

目录

模块一 通用基础知识

项目一 城市轨道交通票务管理系统概述

城市轨道交通票务管理各项工作是以自动售检票系统（Automatic Fare Collection，AFC）各项功能为基础实现的。

轨道交通 AFC 系统是基于计算机（大型数据库和网络等）、现代通信、自动控制、非接触式射频 IC 卡、机电一体化、模式识别、传感、精密机械等多项高新技术的城市轨道交通收费系统。AFC 系统的使用，实现了乘客车票的自动发售、检票等，还可以实现票款的计费、收取、统计过程的自动化，可减少票务管理人员，提高地铁系统的运行效率和效益。轨道交通 AFC 系统还使乘车收费更加合理，减少现金流通，减少人工售检票过程中出现的各种漏洞和弊端，避免烦琐的售票、找零环节，方便乘客，增强客流统计分析能力。

项目二 城市轨道交通 AFC 系统的层级和功能划分

城市轨道交通 AFC 系统根据功能可分为五个层面，第一层为城市轨道交通清分系统；第二层为线路中央计算机系统构成的中央层；第三层为由车站计算机系统组成的车站层；第四层为车站终端设备组成的终端层；第五层为车票层。

轨道交通 AFC 系统网络构架如图 1.1 所示。

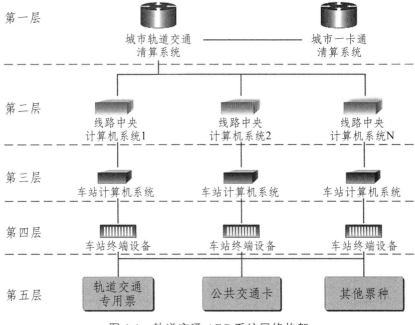

图 1.1　轨道交通 AFC 系统网络构架

一、清分中心（ACC）

清分中心是城市轨道交通 AFC 系统的最顶层系统，用于实现对城市轨道交通所有线路 AFC 设备的总体控制和清分结算。清分系统负责建立系统运营的各项规则，具体包括：票卡、票价、清算、对账业务规则、票卡使用管理及调配流程、运营模式控制管理流程、运营参数、安全管理的流程与授权、终端设备统一乘客服务界面、系统接口和编码规则等，负责收集、统计、分析、查询运营数据，负责一卡通票卡交易收益在轨道交通系统不同线路之间的清分，实现轨道交通系统与一卡通系统间的清算、对账。每个城市的城市轨道交通一般只会设置一个清分中心。这一层级的系统功能和具体业务如下：

1. 车票管理

车票管理主要包括车票类型定义、车票采购、车票初始化编码、预赋值车票发行、个性化车票发行、车票分拣、车票的调配管理、车票清洗、车票回收、车票销毁、车票库存管理、车票跟踪及流失分析、统计。

2. 票务管理

票务管理主要包括交易数据处理、车票发售收益统计、运营收益统计、运营报表处理、运营交易数据清分、票务对账结算、车票发售现金收入统计、运营收益转账、完成同外部发卡单位交易数据交互。

3. 运营管理

运营管理主要包括客流统计与分析、系统运行模式管理、系统运营信息发布、车票使用信息查询、收益管理交易对账管理、收益报表管理。

4. 参数管理

参数管理主要包括参数编辑、参数下发、参数版本维护。

5. 系统维护

系统维护主要包括系统用户管理、权限管理、数据归档和备份、系统数据恢复、时钟同步、系统日志管理。

6. 异地灾备

异地灾备主要包括数据异地备份、异地数据恢复、异地灾备接管。

7. 测试平台

测试平台主要包括线路接入测试、读写器入网测试、SC 接入 LCC 测试、终端设备接入 SC 测试、新票种开发测试。

8. 安全管理

安全管理主要包括交易审计管理、密钥管理、SAM 卡与 AFC 设备登记管理、设备账户管理、黑名单管理。

二、线路中央计算机系统（LCC）

线路中央计算机系统接收清算系统下发的参数及命令，管理线路内部参数，并将参数下发给车站计算机系统，能独立实现所辖线路 AFC 系统的运营管理，负责完成线路级的收益管理并对本线路内的交易等数据进行处理，对交易等数据文件重新打包并上传给清算系统。一般每条线路会设置一个线路中央计算机系统。这一层级的系统功能和具体业务如下：

1. 车票管理

车票管理主要包括车票调配、车票库存管理。

2. 票务管理

票务管理主要包括车票交易数据处理、车票发售收益统计、运营收益统计、运营报表处理、票务对账结算、车票发售现金收入管理。

3. 运营管理

运营管理主要包括在线设备状态监控、系统运行模式管理、客流统计与分析、客流监控、系统通信监测。

4. 收益管理

收益管理主要包括现金管理、交易对账管理、收益报表管理。

5. 参数管理

参数管理主要包括系统运营参数管理、设备软件管理。

6. 系统维护

系统维护主要包括系统用户管理、权限管理、数据归档和备份、系统数据恢复、系统时钟管理、系统日志管理。

三、车站计算机系统（SC）

车站计算机系统负责监视和控制车站终端设备运行状态，收集、统计各类运营数据，并上传至线路中央系统。车站终端设备接收线路中央计算机系统下发的参数和其他指令，并下发到终端设备，每座车站会设置一个车站计算机系统。这一层级的系统功能和业务如下：

1. 票务管理

票务管理主要包括接收和储存车站各终端设备上传的交易数据、将交易数据上传给线路中央计算机系统、车票发售收益统计、运营收益统计、运营报表处理、车票库存管理。

2. 运营管理

运营管理主要包括实时监控本车站 AFC 系统的设备运行状态、系统运行模式管理、车站客流统计报告、客流监控、车票的发售和现金管理、BOM 班次管理、紧急情况下 AFC 系统设备管理。

3. 收益管理

收益管理主要包括 TVM 现金管理、BOM 现金管理、车站备用金管理、收益报表管理。

4. 参数管理

参数管理主要包括接收线路中央计算机系统的各类系统运行参数、下发车站终端设备系统运行参数、接收线路中央计算机系统的控制命令信息、下发控制命令信息、设备软件接收与下发。

5. 系统维护

系统维护主要包括时钟管理、数据归档和备份、数据恢复、系统用户权限控制、系统日志管理。

四、车站终端设备（SLE）

车站终端设备主要由自动售票机、自动检票机（进站、出站、双向、宽通道）、票房售票机、便携式验票机组成。

自动售票机可接受硬币、纸币、储值票及银行卡（预留）付费方式出售单程票，同时具有对储值票的充值和查验功能。

自动检票机（进站、出站、双向、宽通道）可接受地铁专用票卡和哈尔滨城市通卡，对乘客进、出站进行检票。出站检票机应可通过参数设置自动回收部分指定类型的票卡。

票房售票机对票卡进行发售、分析、无效更新、补票、充值、替换、退款、交易查询等处理。

便携式验票机可对乘客使用票卡进行检票和验票。

这一层级的系统功能和业务如下：

1. 乘客服务

乘客服务包括售票、充值、车票更新、车票补票、退票、替换、延期、挂失、车票分析和查询、进站/出站检票。

2. 运行管理

运行管理包括营业结算与凭据报告、交易/业务数据生成、运行模式管理、设备远程/本地监视。

3. 参数管理

参数管理包括参数更新、设备软件更新。

4. 维护维修

维护维修包括用户权限控制、时钟管理、部件管理、离线数据管理、日志管理、故障检测与分析。

五、车　票

车票包括地铁专用票、城市一卡通车票、其他类型票种（纪念票等），是乘客进出站时所使用的载有旅途信息的乘车凭证。

项目三　城市轨道交通票务政策

城市轨道交通票务政策主要包括票价政策、票务优惠政策、发行票种、车票使用规则等。

一、票价政策

国内城市轨道交通出现过的票制主要为单一票制和计程票制。其中，单一票制是指全线网采用同一票价，价格不随乘车距离的增加而增加，如北京地铁在 2007—2014 年采用的 2 元单一票制票价；计程票制是指价格随乘车距离的增加而增加，目前国内城市轨道交通均采用计程票制。

计程票制又有区间分段计价和里程分段计价之分。区间分段计价简便直观，便于乘客理解和计算，但如果站间距分布不均匀，则对乘客和运营企业都不公平；里程分段计价则更为科学合理，适合站间距差异较大和网络化程度较高的城市，可以真正实现同网同价，体现了公平合理。

计程票制包括三个要素，分别为起步价格、起步里程、加价里程。

部分城市轨道交通当前执行票价如表 1.1 所示。

表 1.1　部分城市轨道交通当前执行票价

城市	票制	起步价格/元	起步里程/千米	加价里程/千米
北京	里程分段	3	6	6、6、10、10、20、20
上海	里程分段	3	6	6、10、10、10、10、10
天津	里程分段	2	4	5、6、10
无锡	里程分段	2	5	5、5、7、7、9、9
福州	里程分段	2	5	5、5、7、7、9、9
青岛	里程分段	2	5	5、7、10、11、20、20
西安	里程分段	2	6	4、4、6、6、8、8
郑州	里程分段	2	6	7、8、9、9、9、9
长春	里程分段	2	7	6、6、8、8、10、10
合肥	里程分段	2	8	6、7、8、9、9、9

以北京地铁票价为例，起步 3 元可乘坐 6 千米，下一段加价为增加 6 千米加 1 元，则表示 4 元可乘坐 12 千米；再下二段加价为每增加 10 千米加 1 元，则表示 5 元可乘坐 22 千米、6 元可乘坐 32 千米；之后加价为每增加 20 千米加价 1 元，则表示 7 元可乘坐 52 千米、8 元可乘坐 72 千米，以此计算票价。

二、票务优惠政策

票务优惠政策可分为两部分：一是针对普通人群的优惠措施；二是针对特殊人群的优惠措施。

针对普通人群的优惠措施一般是以推广城市一卡通使用为目的，以城市一卡通普通卡作为载体，以票价折扣方式体现。目前，国内城市轨道交通实施此类优惠措施，主要包括分段优惠和直接优惠两种方式。（见表 1.2）

表 1.2　部分城市轨道交通当前执行针对普通人群优惠措施

城市	优惠分类	优惠方式
上海	分段优惠	公共交通卡地铁乘坐满 70 元累积优惠：在一个自然月内乘客使用同一张公共交通卡乘坐地铁，当月累计消费满 70 元后，即可享受 9 折优惠，出站扣款金额为票价的 90%，直至本自然月结束
北京	分段优惠	使用市政交通一卡通刷卡乘坐轨道交通，每自然月内每张卡支出累计满 100 元以后的乘次，价格给予 8 折优惠；满 150 元以后的乘次，价格给予 5 折优惠；支出累计达到 400 元以后的乘次，不再享受打折优惠
杭州	直接优惠	单程票价 9.1 折
宁波	直接优惠	单程票价 9.5 折
南京	直接优惠	单程票价 9.5 折
苏州	直接优惠	单程票价 9.5 折
无锡	直接优惠	单程票价 9.5 折

针对特殊人群的优惠措施一般是以执行国家或地方对特殊人群的优惠政策为目的，以优惠票种或有效证件作为载体，以票价折扣或免票方式体现（见表 1.3）。

表 1.3　哈尔滨地铁当前实施的针对特殊人群的优惠措施

特殊人群	优惠方式	优惠载体	执行政策
全日制小学、初中、高中学生	半价	城市通学生卡	地方法规
60~65 周岁老年人	非高峰时段半价	城市通敬老卡	地方法规
65 周岁及以上老年人	非高峰时段免费	城市通老年卡	地方法规
离休干部	免费	城市通优待卡	地方法规

续表

特殊人群	优惠方式	优惠载体	执行政策
残疾军人	免费	城市通优待卡	国家法规
因公伤残警察	免费	城市通优待卡	国家法规
盲人	免费	残疾证	地方法规
重度肢体残疾人	免费	城市通特惠卡	地方法规
除盲人、重度肢体残疾人外的其他残疾人	半价	城市通优待卡	地方法规
身高1.2米以下儿童	免费	检验身高	地方法规

三、发行票种

车票是城市轨道交通乘车消费的载体，需要根据城市轨道交通各种运营和经营需求进行设计和发行。从发行单位来区分，可分为城市轨道交通专用车票和外部发行车票；从发行作用来区分，可分为运营性车票、经营性车票和工作票。下面以哈尔滨地铁当前发行和应用的票种为例进行介绍。

1. 轨道交通专用车票

轨道交通专用车票是指由城市轨道交通运营单位发行、仅能在轨道交通使用的车票。

（1）运营性车票。

目前哈尔滨地铁发行的运营性车票仅包括单程票（见图1.2和图1.3）。根据使用规则和应用场景的不同，还可细分为普通单程票、出站票和预赋值单程票。

图1.2　哈尔滨地铁单程票正面（1号线开通前发行）

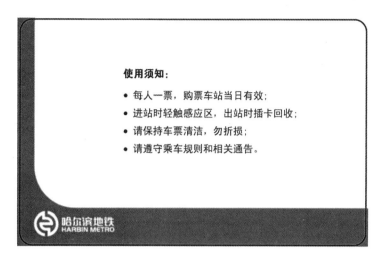

图 1.3　哈尔滨地铁单程票背面（1 号线开通前发行）

（2）经营性车票。

目前哈尔滨地铁发行了多个批次的经营性车票。主要发行纪念票（见图 1.4 ~ 1.6）。

图 1.4　哈尔滨地铁 1 号线开通纪念票

图 1.5　哈尔滨地铁 2017 鸡年生肖纪念票

图 1.6　哈尔滨地铁 2016 国际马拉松纪念票

（3）工作票。

目前哈尔滨地铁发行的工作票种包括员工工作票、委外工作票、临时工作票等。（见图 1.7 和图 1.8）

图 1.7　哈尔滨地铁工作票正面

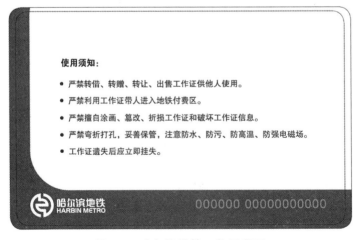

图 1.8　哈尔滨地铁工作票背面

2. 外部发行车票

外部发行车票是指由其他机构发行、可在城市轨道交通使用的票种。除城市轨道交通外，外部发行车票一般还可以在本市公交、轮渡等领域使用。

目前哈尔滨地铁支持使用的外部发行票种仅包括哈尔滨城市通智能卡有限责任公司发行的城市通（见图 1.9）。

图 1.9　哈尔滨城市通普通卡正面

四、车票使用规则

车票使用规则是对包括车票购买、进站、出站、充值、退款、更新等所有应用环节的规则限定，同时面向乘客和车站工作人员。各城市轨道交通由于票务政策和自身运营环境的不同，票务规则也不尽相同。下面以哈尔滨地铁车票使用规则为例进行介绍。

（一）一人一票制

在地铁中使用的车票实行"一人一票制"，即一张车票只限一名乘客使用。

（二）单程票使用规定

（1）正常情况下，普通单程票经车站自动售票机、票房售票机发售，在售出站当日进站乘车有效（当日指售出运营日）。

（2）遇到设备故障、大客流等情况时，车站站长或值班站长可根据车站客流情况决定发售预制单程票。

（3）预制单程票经票务部编码分拣机统一制作，根据各站客流情况统一配送；由车站人工发售，在有效期内可在任一车站使用。

（三）城市通 IC 卡使用规定

（1）城市通 IC 卡由哈尔滨城市通智能卡有限责任公司发行。

（2）部分地铁车站客服中心及所有车站部分 TVM 可办理城市通 IC 卡充值业务。每次充值金额必须为 10 元整数倍，卡内余额上限为 1 000 元。自充值日起的一个月内，可持充值卡片到城市通客服中心或分中心领取充值发票。地铁车站客服中心不提供充值发票，使用城市通 IC 卡乘车时不再提供乘车发票。

（3）除充值、余额查询外，地铁车站不办理其他城市通 IC 卡相关业务。

（4）城市通 IC 卡优惠票种只限本人使用，持城市通 IC 卡优惠票种的乘客应随身携带相关身份证明，自觉配合地铁工作人员的核查。

（5）地铁车站当值人员有权检验城市通 IC 卡优惠票种的使用情况。违规使用优惠票种者，一经发现，查验人员有权根据《哈尔滨城市轨道交通管理办法》（哈尔滨市人民政府令第 5 号）相关规定按地铁最高单程票价补收 5 倍的票款。

（四）计次纪念票使用规定

（1）计次纪念票仅用于乘坐地铁。

（2）一经售出，除非因票卡质量问题导致不能使用，否则不予退换。

（3）在有效期内单人计次使用，每张车票可使用票卡规定的使用次数，超过有效期或使用次数用尽后，乘客可留存纪念，地铁公司不予回收。

（五）乘车时限

乘客每次乘车从进检票机到出检票机最大时限为 120 分钟，超过时限，须按全线最高单程票价补交超时车费（使用优惠票种同样按全线最高单程票价补交）。

（六）超程车票更新

（1）单程票超程：乘客补交差额部分现金后，对车票进行更新，乘客持原车票出站。

（2）城市通 IC 卡超程：根据乘客进站计算至本站票价，收取对应现金后更新车票并发售对应票价的付费出站票，乘客持出站票出站；城市通 IC 卡充值车站可为乘客充值，由检票机正常扣费出站。

（七）超时车票更新

（1）单程票超时：乘客补交全程最高单程票价现金后，对车票进行更新，乘客持原车票出站。

（2）城市通 IC 卡超时：乘客补交全程最高单程票价现金后对车站进行更新，或在卡内扣除全程最高单程票价金额后对车票进行更新，乘客持原车票出站。

（3）在一次乘车旅程发生既超程又超时的情况下，按超时更新规则进行处理。

（八）进出站次序错误车票更新

1. 乘客无法进站

（1）如上次进站为本站，且进站时间在 30 分钟内，免费更新车票。

（2）如上次进站为本站，进站时间为本日且超过 30 分钟的，收取 2 元（线网最低票价）现金后更新车票，城市通 IC 卡可选择卡内扣费，计次纪念票扣除 1 次乘车次数。

（3）如上次进站车站非本站，或进站时间非本日的，单程票请乘客重新购票，并回收乘客手中票卡；城市通 IC 卡根据乘客描述选择上次出站更新车票，BOM 自动扣除上次车费；计次纪念票由 BOM 自动扣除 1 次乘车次数（计次纪念票余次不足时告知乘客并请乘客使用其他车票）。

2. 乘客无法出站（不含无票情况）

（1）城市通 IC 卡上次出站为本站，且出站时间在 30 分钟内的，发售免费出站票，乘客持出站票出站。

（2）城市通 IC 卡上次出站为本站且出站时间超过 30 分钟的，选择本站作为上次进站更新车票，出站时扣除 2 元车费。

（3）城市通 IC 卡上次出站非本站时，根据乘客描述选择上次进站更新车票。

（九）乘客无票

（1）如有现场工作人员确认为单程票闸门误用情况，为乘客发售免费出站票，乘客持免费出站票出站。

（2）乘客车票丢失时，收取全程最高票价现金后发售补款出站票，乘客持补款出站票出站。

（3）如乘客为恶意逃票，车站有权根据《哈尔滨城市轨道交通管理办法》（哈尔滨市人民政府令第 5 号）相关规定按地铁最高单程票价补收 5 倍的票款。

（十）退票、退款规定

（1）正常情况下，本日发售且未使用的车票可按余值办理退票。

（2）办理本站售出单程票退款时，在票房售票机上进行退款操作，回收车票继续使用。

（3）办理非本站售出单程票退款时，填写"乘客事务处理单"，回收车票。

（4）单程票经验证为无效票的，可办理退款或重新发售等值单程票。

（5）自动售票机上购票出现异常，打出故障单时，可持故障单到发售车站客服中心按故障单显示金额办理退款或发售等值单程票。

（6）出现清客、列车越站、中止运营等由地铁自身原因造成异常情况时，可在自发生故障当日起 7 日内为乘客办理退票或退款。由于乘客办理退票或退款时所处位置不同，因而此情况下的处置原则为：按票值办理单程票退款和将城市通卡更新至可用状态并确保不扣除费用。

模块二 现金票款审核作业基础知识

城市轨道交通车站在办理现金业务（包括自动售票机售票、人工售票、补票和充值等）后，会产生大量的现金票款。现金票款的管理工作包括清点、统计、结算、解行、审核等，本章主要对审核环节的内容进行讲解。学习前请确认已经了解车站站务员、客运值班员、值班站长票务相关作业内容。

现金票款审核工作主要有两个目的：一是通过比对车站填报的实际现金收入统计结果与自动售检票系统生成的系统收入统计结果，检验现金收入是否准确；二是通过检验车站在办理一些特殊业务时填写的凭证判断业务办理是否准确。

各城市轨道交通运营单位涉及的现金票款的设备、业务种类和管理制度各不相同，本章节仅以哈尔滨地铁当前现金票款审核方式为例进行讲解。另外，本章节涉及的具体操作层面说明较多，学习时掌握主要内容即可。

项目一 车站填写票务报表的内容和要求

车站填写的票务报表是现金票款审核作业的基础数据来源之一，也是财务管理的原始凭证，所以需要严格按照相应要求进行规范填写。

一、报表种类

车站填写的现金报表包括客服员日营收结算单、TVM日营收结算单和乘客事务处理单。

二、报表的主要内容

1. 客服员日营收结算单（见图2.1）

客服员日营收结算单主要用于对人工收取现金票款和车站整体现金票款的记录，填写内容包括客服员备用金领用情况、客服员结算情况、预赋值车票售卖情况、车站日营收统计情况、报表和事务车票上交情况等，一般由车站值班员负责填写。

站　　月　　日　　　　　　　　**客服员日营收结算单**　　　　　　　　　　MP101

客服员签章	员工工号	BOM编号	故障退款		特殊退款		实收金额	客值签章	结算结果（收益员填写）
			数量	金额	数量	金额			
合计	—		—					—	—

售预制票结算						实收金额	售票员签章	客值签章	车票报表上交情况	
2元		3元		4元					类型	数量
开窗张数	关窗张数	开窗张数	关窗张数	开窗张数	关窗张数					
合　　计						—	—			
备注：										
									本日上交报表共　张	

第1页

车站日营收统计				
当日款项	BOM 实收金额（A）		TVM 实收金额（B）	
	售预制票金额（C）		特殊票款金额（D）	
补往期款项	补 TVM 短款金额（B）		补客服员短款金额	
	补银行短款金额		补更正短款金额	
备用金	备用金结存		备用金调整金额	
实收及解行	本日实收金额合计（I）		本日解行金额	
备注：I＝A＋B＋C＋D＋E				

客值签章　　　工号　　　　　　值站签章　　　工号　　　　　　第　　页/ 共　　页

图 2.1　客服员日营收结算单

2. TVM 日营收结算单（见图 2.2）

TVM 日营收结算单主要用于对自动售票机收取现金票款的记录，填写内容包括车站 TVM 补币情况、车站 TVM 清点情况、特殊票款交接情况、车站补 TVM 短款情况等，一般由车站值班员负责填写。

站　　月　　日　　**TVM 日营收结算单**　　MP201

设备编号	补币金额（A）				补充人签章		钱箱清点金额（B）							本日实数(C)=(B)−(A)	清点人签单	
	纸币(1元)	纸币(5元)	硬币(1元)	小计(A)	客值签章	值站签章	找零箱(1元)	找零箱(5元)	硬币回收箱	废钞箱(1元)	废钞箱(5元)	纸币回收箱	小计(B)		客值签章	值站签章
TVM101																
TVM102																
TVM103																
TVM104																
TVM105																
TVM106																
TVM107																
TVM108																
合计	—				—								—			
备注：																

第 1 页

特殊票款交接记录	设备编号	涉及金额	交款详情	交款人签章	接收人签章	补TVM短款记录	短款日期	涉及金额	客值签章	值站签章
	合计						合　计			

客值签章　　　　工号　　　　　值站签章　　　　工号　　　　　　　　　　　第　　页/共　　页

图 2.2　TVM 日营收结算单

3. 乘客事务处理单（见图 2.3）

乘客事务处理单主要用于记录一些特殊乘客事务的办理信息，同时也作为业务办理凭据。填写内容包括办理 TVM 少找零、TVM 卡币、TVM 卡票、TVM 售无效票等退款业务办理情况，对于 IC 卡余额不足、单程票超程、超时、闸门误用超时等补收票款业务办理情况，对于闸门被误用、车票无效不能出站等发售免费出站票业务办理情况，一般由客服员填写，并需要乘客对办理业务信息进行签字确认。

乘客事务处理单

MP104

　　站　　　　　　　　　　　　　　　　　　　　　　　　　　　　年　　月　　日

现金事务 1										
事件详情					处理结果		涉及金额	乘客签名	确认人	
TVM少找零	TVM卡币	TVM卡票	TVM售无效票	其他事件	退还现金	其他处理				
合　计							—			
现金事务 2										
事件详情					处理结果		涉及金额	乘客签名	确认人	
IC卡余额不足	单程票超程	超时	闸门误用超时	其他事件	付费更新	付费出站票	其他处理			

合 计				—

付费出站票_____张

非现金事务					
免费出站票事件详情			发售免费出站票	乘客签名	确认人
闸门被误用	车票无效不能出站	其他事件			

免费出站票_____张

备注	

客服员签章　　　　　　　　　　员工工号　　　　　　　　　　　　　　　第　　页/共　　页

图 2.3　乘客事务处理单

车票储耗日报（见图 2.4）主要填写单程票、预制单程票、废票等结存、调入、调出情况。

站　　月　　日　　　　　　　　**车票储耗日报**　　　　　　　　MP202

单 程 票			
收款室上日结存	本日调入	本日调出	收款室本日结存

预 制 单 程 票					
票值	上日结存	本日售卖	本日调入	本日调出	本日结存
2 元					
3 元					
4 元					

废 票							
本日 TVM 回收	本日 BOM 回收	本日 AG 回收	本日人工回收	本日回收合计	收款室上日结存	本日调出	收款室本日结存
备注：本日交票务中心事务车票共_____张							

客值签章　　　　工号　　　　　　　值站签章　　　　工号　　　　　　　第　　页/共　　页

图 2.4　车票储耗日报

三、报表填写原则

（1）真实：报表填写必须如实反映票务情况，不得捏造事实，弄虚作假。

（2）准确：报表填写需确保数据正确。

（3）完整：必须按报表所列事项填写，不得遗漏。

（4）及时：报表必须在规定期限内填制完毕，并按规定时间上交指定部门，不得故意拖延。

四、报表填写基本要求

（1）过底要求：属于过底的报表，一定要写透，不要上面清楚，下面模糊。

（2）文字要求：必须用蓝色或黑色笔填写，字迹必须清晰、工整，不得潦草。属于过底的报表用圆珠笔填写，属于非过底的报表用钢笔或签字笔填写。

（3）数字要求：阿拉伯数字应一个一个地写，不得连笔书写。

（4）报表改错规定：报表填写发生错误时，不得刮擦、挖补、涂抹或用化学药水更改字迹，更改数字必须用"划线更正法"。应用"划线更正法"更正时，在错误文字或数字上用红笔画一横线，以示注销，要求画去整个错误数字，并用红笔在错误数字旁书写更改后的正确数字，然后在正确数字旁由更改人员签章以示负责。重新填写的报表需在空白处注明报表更改人，并签章确认。

五、报表填写通用要求

（1）"＿站"：填写上岗工作的车站名称。

（2）"＿月＿日"：填写上岗工作的具体日期。

（3）报表中涉及具体时间填写的，要求以 24 小时制填写。

（4）报表填写完毕后，需按规定由相应人员分别签章并登记工号。

（5）报表中涉及金额项目，如"金额""实收金额""小计金额""涉及金额"等涉及金额项，在填写时以"元"为单位，要求顶格填写，如为整数需用"—"占位。

（6）报表中涉及需乘客签名项，要求乘客亲自签名，如乘客拒签，则需客运值班员或以上级别人员进行签字并在备注中注明。

（7）若同一班工作人员填写多张同一报表，需在报表右下角注明"第×页/共×页"。要求填写多张同一报表时，一张同一部分应按办理时间顺序填写，完全填写结束才可填写下一张，如在填写过程中发现漏行填写，应整行画线删除并签章确认。

（8）所有报表一式两联，以复写形式填写。第一联交收益审核组，第二联车站留存。

项目二　审核用系统报表的种类和内容

自动售检票系统生成的系统报表是现金票款审核作业的另一项基础数据来源，也是用于比对车站填报现金收入的依据。一般情况下，为了避免受到交易数据延迟上传的干扰，进行现金票款审核作业时都会选择使用接近系统底层的车站计算机系统（SC）生成的报表。

一、常用的系统报表

（1）日报表类，包括"按照操作员统计日报表""按照交易类别统计日报表""按照票种统计日报表""按照设备统计日报表"。

（2）延迟报表类，包括"按照运营日统计延迟交易日报表"。

（3）操作类报表，包括"钱箱更换统计日报表"。

（4）结算类报表，包括"TVM 结算日报表""BOM 结算日报表"。

（5）审核类报表，包括"TVM 故障退款审核报表"。

二、主要系统报表介绍

1. TVM 结算日报表

"TVM 结算日报表"主要针对每一台 TVM 统计发售、充值交易结算情况和现金收支情况进行登记（见图 2.5 和图 2.6）。

车站名称	结算标识				现金售票		储值卡充值		城市通充值		故障交易		合计（现金售票+储值卡充值+城市通充值+故障交易）
	设备编码	流水号	操作员	开始时间	结束时间	数量	金额(元)	数量	金额(元)	数量	金额(元)	数量	金额(元)	金额(元)
哈南站站	0101126F	923	01081266	2016/1/8 5:03:01	2016/1/8 20:55:13	456	1195.00	0	0.00	0	0.00	0	0.00	1195.00
	01011272	976	01081266	2016/1/8 5:02:37	2016/1/8 20:55:31	261	718.00	0	0.00	0	0.00	0	0.00	718.00
	01011273	986	01081266	2016/1/7 20:53:45	2016/1/8 21:09:32	526	1585.00	0	0.00	0	0.00	3	18.00	1603.00
	01011274	983	01081266	2016/1/7 20:51:37	2016/1/8 21:08:17	257	771.00	0	0.00	0	0.00	3	26.00	797.00
	01011275	990	01081266	2016/1/7 20:49:23	2016/1/8 21:06:58	855	2565.00	0	0.00	0	0.00	6	20.00	2585.00

图 2.5　"TVM 结算日报表"现金交易结算部分内容

车站名称	车站名称	结算标识				硬币		纸币		本次硬币留存	本次纸币留存
	设备编码	流水号	操作员	开始时间	结束时间	投入金额(元)	找零金额(元)	投入金额(元)	找零金额(元)	金额(元)	金额(元)
哈南站站	01011271	973	00000000	2016/1/8 20:55:26	2016/1/8 22:09:10	0.00	0.00	0.00	0.00	27.00	0.00
	0101126F	923	01081266	2016/1/8 5:03:01	2016/1/8 20:55:13	39.00	0.00	2630.00	1474.00	0.00	15.00
	01011272	976	01081266	2016/1/8 5:02:37	2016/1/8 20:55:31	0.00	0.00	1640.00	922.00	0.00	22.00
	01011273	986	01081266	2016/1/7 20:53:45	2016/1/8 21:09:32	0.00	0.00	3260.00	1657.00	0.00	15.00
	01011274	983	01081266	2016/1/7 20:51:37	2016/1/8 21:08:17	0.00	0.00	1665.00	868.00	0.00	7.00

图 2.6　"TVM 结算日报表"现金收支结算部分内容

2. BOM 结算日报表

"BOM 结算日报表"主要针对每一名客服员统计上岗期间进行的售票、补票、退款等操作结算情况进行登记（见图 2.7）。

车站名称	操作员编号	操作员姓名	设备编号	结账时间	单程票发售		福利票发售		地铁储值票发售		城市通充值	
					数量	金额(元)	数量	金额(元)	数量	金额(元)	数量	金额(元)
哈南站站	01089001	测试账户1	01011898	2016-01-08 17:38:44~2016-01-08 21:06:27	316	854.00	0	0.00	0	0.00	0	0.00
哈南站站	01089002	测试账户2	01011898	2016-01-08 08:08:31~2016-01-08 17:37:07	1695	4559.00	0	0.00	0	0.00	0	0.00
哈南站站	01089003	测试账户3	01011898	2016-01-08 05:49:13~2016-01-08 08:06:55	361	975.00	0	0.00	0	0.00	0	0.00
哈南站站	01089004	测试账户4	01011898	2016-01-08 07:05:12~2016-01-08 07:32:13	160	423.00	0	0.00	0	0.00	0	0.00
哈达站	01089005	测试账户5	01021897	2016-01-08 17:46:45~2016-01-08 21:23:12	68	171.00	0	0.00	0	0.00	20	1450.00

图 2.7　"BOM 结算日报表"部分内容

3. 按照操作员统计日报表

"按照操作员统计日报表"主要针对每一名操作员统计发生的交易情况进行登记（见图 2.8）。

	车站名称								
45	哈南站站	1089001	测试账户1	超程更新	普通单程票1	未知	5	7.00	0	0.00	0.00
46				超程更新	小计		5	7.00	0	0.00	0.00
47				出站更新	普通单程票1	未知	3	0.00	0	0.00	0.00
48				出站更新	小计		3	0.00	0	0.00	0.00
49				发售出站票	出站票	未知	1	2.00	0	0.00	0.00
50				发售出站票	小计		1	2.00	0	0.00	0.00
51				进站更新	城市通普通卡	卡内支付	4	0.00	0	0.00	0.00
52				进站更新	普通单程票1	未知	1	0.00	0	0.00	0.00
53				进站更新	小计		5	0.00	0	0.00	0.00
54				一票通出售	普通单程票1	未知	316	854.00	0	0.00	0.00
55				一票通出售	小计		316	854.00	0	0.00	0.00
56				合计			330	863.00	0	0.00	0.00
57		合计					330	863.00	0	0.00	0.00

图 2.8　"按照操作员统计日报表"部分内容

4. 按照设备统计日报表

"按照设备统计日报表"主要针对每一台设备统计发生的交易情况进行登记（见图 2.9）。

BOM	01011898	超程更新	普通单程票1	未知	55	67.00	0	0.00	0.00
		超程更新	小计		55	67.00	0	0.00	0.00
		出站更新	普通单程票1	未知	9	0.00	0	0.00	0.00
		出站更新	普通工作票	卡内支付	1	0.00	0	0.00	0.00
		出站更新	小计		10	0.00	0	0.00	0.00
		发售出站票	出站票	未知	1	2.00	0	0.00	0.00
		发售出站票	小计		1	2.00	0	0.00	0.00
		进站更新	城市通敬老卡	卡内支付	1	3.00	0	0.00	0.00
		进站更新	城市通老年卡	卡内支付	2	0.00	0	0.00	0.00
		进站更新	城市通普通卡	卡内支付	14	7.00	0	0.00	0.00
		进站更新	城市通特惠卡	卡内支付	1	0.00	0	0.00	0.00
		进站更新	城市通学生卡	卡内支付	1	0.00	0	0.00	0.00
		进站更新	工作月票	卡内支付	1	0.00	0	1	0.00

图 2.9　"按照设备统计日报表"部分内容

5. TVM故障退款审核报表

"TVM故障退款审核报表"主要针对每一笔TVM故障交易统计关联退款操作情况进行登记（见图2.10）。

凭条时间_TVM	TVM设备ID	TVM凭条号	TVM金额（元）	故障原因	凭条时间_BOM	BOM设备ID	BOM填写的TVM号	BOM填写的TVM凭条号	BOM金额（元）
2016/1/8 5:53:02	01011276	01011276521694	6.00	纸币找零失败	2016/1/8 5:54:41	01011898	01011276	01011276521694	6.00
2016/1/8 6:04:09	01011274	01011274495101	17.00	纸币找零失败	2016/1/8 6:06:26	01011898	01011274	01011274495101	17.00

图2.10 "TVM故障退款审核报表"部分内容

6. 钱箱更换统计报表

"钱箱更换统计报表"主要针对每一台TVM统计钱箱安装和卸下情况进行登记（见图2.11）。

车站	设备编号	钱箱编号	操作员ID	操作类别	操作时间	钱箱类型	钱箱金额（元）	更换结果
	010B1274	01511174		安装	2016/1/8 5:33:55	硬币补充箱1	100.00	正常安装
				卸下	2016/1/8 5:34:30	硬币补充箱1	0.00	正常卸下
				卸下	2016/1/8 20:25:28	硬币回收箱1	100.00	正常卸下
				安装	2016/1/8 5:34:30	硬币回收箱1	0.00	正常安装
				清点	2016/1/8 20:43:35		100.00	
				领用	2016/1/8 5:09:55		100.00	
		01601139		卸下	2016/1/8 20:25:49	纸币找零箱（5元）	485.00	正常卸下
				安装	2016/1/8 5:31:24	纸币找零箱（5元）	500.00	正常安装
				清点	2016/1/8 20:43:19		485.00	
				领用	2016/1/8 4:55:36		500.00	
		01601140		卸下	2016/1/8 20:25:49	纸币找零箱（1元）	78.00	正常卸下
				安装	2016/1/8 5:31:24	纸币找零箱（1元）	100.00	正常安装
				清点	2016/1/8 20:43:10		78.00	
				领用	2016/1/8 5:07:34		100.00	
		01611106		卸下	2016/1/8 20:25:49	纸币回收箱	85.00	正常卸下
				安装	2016/1/8 5:31:24	纸币回收箱	0.00	正常安装
				清点	2016/1/8 22:45:07		85.00	

图2.11 "钱箱更换统计报表"部分内容

项目三 审核作业方式和结算原则

一、系统报表核对

核对LCC结算报表和交易统计报表对同一设备和客服员的交易统计是否一致。

（1）对同一设备或客服员，如LCC结算报表金额大于交易统计报表金额时，发送AFC数据问题不要求回复。

（2）如LCC结算报表金额小于交易统计报表金额时，发送AFC数据问题并要求回复准确结算金额。

（3）核对当天以两类系统报表中较大金额结算，收到回复后根据回复金额进行二次结算。

（4）发送 AFC 数据问题时，应清晰表述问题信息和要求回复的内容。

（5）具体核对内容：① 核对 TVM 结算日报表车票发售数量金额与按照设备统计日报表中 TVM 设备车票发售数量金额。② 核对按操作员统计日报表现金交易与 BOM 结算日报表操作设备产生交易。

二、手工报表核对

1．通用核对要求

（1）检查站名、日期内容是否填写齐全。

（2）检查车站人员签章、员工工号、设备编号是否填写齐全。

（3）核对计算各区域小计和合计项。

（4）以上项目有差错时均发送报表填写问题，小计及合计项有差错时要求回复，其他不要求回复。

（5）查看"客服员结算单"填写报表上交情况与报表袋内实际报表是否一致，不一致时首先报送报表填写问题（不要求回复）。如填写报表数量大于实际报表数量，询问车站是否有遗漏报表情况，如有则通知车站将遗漏报表送至收益审核组。

（6）查看"客服员结算单"填写车票上交数量与票卡组返回的"事务车票分析表"数量是否一致，不一致时首先报送报表填写问题。如填写车票数量大于"事务车票分析表"数量，询问车站是否有遗漏车票情况，如有则通知车站将遗漏车票送至票卡组。

2．核对"客服员结算单"客服员结算区

（1）检查实收金额项是否填写齐全，是否填写故障退款和特殊退款数量、金额。核对各项合计项是否计算准确。

（2）如有客服员结算项填写故障退款金额，逐张检验其对应的 TVM 故障退款凭证是否符合规范。有不规范情况时依据《客服员结算原则》进行判断结算。

（3）完成 TVM 故障退款凭证检验后，计算凭证退款数量和金额，核对与"客服员结算单"填写故障退款数量金额是否一致。如计算数量和金额大于填写值，不做进一步处置。如计算数量和金额大于填写值，查看"全线 BOM 售卖统计表"，核对该客服员单程票退款金额是否与差额一致，如一致，发送填写问题；如不一致，发送询证问题，询证车站是否有漏交故障退款凭证情况。

（4）如有客服员结算项填写特殊退款金额，检验是否填写"处理单"以及"处理单"填写是否规范。有不规范情况时依据《客服员结算原则》进行判断结算。对涉及事务车票分析的事务判

断参考"事务车票结算判断表"进行判断结算。检验过程中，对需要车站进一步核实的情况发送询证问题，对疑似设备或数据出现差错的情况发送 AFC 数据问题。涉及城市通卡非正常退款的事务，根据车站填写卡号登录清分系统，查询该张车票交易后进行判断结算。

（5）完成 TVM 故障退款凭证和特殊退款凭证检验后，计算非操作设备产生收益的收支小计。

（6）查看"BOM 结算日报表"，计算客服员操作设备产生交易的收支小计（包括单程票发售、城市通充值、付费出站票、补款出站票、一票通补票、城市通补票）。

（7）对客服员操作设备和非操作设备产生的收支小计求和，计算客服员结算金额，并与"客服员结算单"填写该客服员实收金额比较，计算客服员差异，录入"1 号线客服员及 TVM 钱箱差异统计表"。

（8）录入"1 号线客服员及 TVM 钱箱差异统计表"时，如差异为操作设备产生交易部分短款，录入客服员交易详情；如差异为非操作设备部分短款，录入发生短款事务详情。

（9）车站填写上岗客服员与全线 BOM 售卖统计表中统计操作员不一致时，发送报表填写问题（不要求回复）。

3. 核对"客服员结算单"售预制票结算区

（1）分别计算 2、3、4 元票值预制票发售数量，计算方式为：关窗张数 – 开窗张数。

（2）进一步计算发售金额，计算方式为：发售单价 × 发售数量。

（3）比较发售金额与报表填写实收金额，计算差异，并录入"1 号线客服员及 TVM 钱箱差异统计表"，录入此类差异时需备注"售预制票差异"。

（4）计算合计项是否正确。

（5）核对填写发售数量与票卡组发送的"1 号线车站票卡售存统计表"统计车站发售预制票数量，如有差异发送询证问题，要求回复确认实际发售数量。回复后如与"客服员结算单"售预制票结算区填写不一致时，根据回复确认数量重新结算。

4. 核对"TVM 日营收结算单"TVM 结算区

（1）分别计算检查补币金额和清点金额小计是否正确。

（2）计算本日实收计算是否正确。

（3）计算各合计项是否正确。

（4）对每台设备计算实收金额，与 TVM 结算日报表该设备结算金额比较，计算差异并录入"1 号线 TVM 收入与差异统计表"。

（5）车站全部 TVM 差异合计为短款时，对该车站当日发生短款的设备，追查其具体短款钱箱，录入"1 号线客服员及 TVM 钱箱差异统计表"。

① 硬币钱箱差异追查方式：根据 TVM 结算凭条或 TVM 结算日报表内操作统计区，对设备

当日接收、找零硬币总数进行统计，计算应回收硬币数量，并与报表内车站填写回收数量比较后计算差异。

② 纸币钱箱差异追查方式：根据钱箱更换统计日报表内记录各纸币钱箱卸下金额，与车站填写的各钱箱清点金额比较后计算差异。

③ 通过钱箱清点记录日报表比较无法确认差异钱箱时，需先核对 TVM 结算日报表收益统计区和操作统计区对同一设备收入的统计是否一致。操作统计区收入计算方式为：（纸币＋硬币）投入金额－找零金额。不一致时进一步核对钱箱清点记录表该设备钱箱流水计算收入与 TVM 结算日报表收益统计区是否一致。不一致时发送 AFC 数据问题，当日不录入"1 号线客服员及 TVM 钱箱差异统计表"，待 AFC 数据问题回复能够确认差异钱箱后补录。

④ 车站备注有非标准币（机币、假币、残币、外币）时，核查车站上交的非标准币与备注内容是否一致，并将非标准币详情录入"1 号线 TVM 收入与差异统计表"。如车站上交的非标准币与备注内容一致，则按非标准币金额调减此部分收入。

5．核对"TVM 日营收结算单"特殊票款交接记录

（1）有填写内容时，检查填写内容是否完整。

（2）检查计算合计是否准确。

（3）对涉及 TVM 的特殊票款，查看该设备是否存在短款，如有短款且已将短款情况录入"1 号线客服员及 TVM 钱箱差异统计表"和"1 号线 TVM 收入与差异统计表"，将特殊票款详情备注到该两张报表中该钱箱或设备差异统计中。如未录入"1 号线客服员及 TVM 钱箱差异统计表"则不在此表中备注。

6．核对"客服员结算单"车站营收统计区

（1）核对当时款项部分，检查过数是否正确。

（2）核对补往期款项部分，检查补 TVM 短款项过数是否正确（见图 2.12）。

序号	车站	设备编号	设备名称	实收	应收	长款	短款	实际短款	非标准币类型	非标准币清出位置	非标准币数量	非标准币金额
1	哈南站	0101126F	TVM101	1195	1195	0	0	0				
		01011270	TVM102	880	880	0	0	0				
		01011271	TVM103	540	540	0	0	0				
		01011272	TVM104	718	718	0	0	0				
		01011273	TVM105	1603	1603	0	0	0				
		01011274	TVM106	797	797	0	0	0				
		01011275	TVM107	2585	2585	0	0	0				
		01011276	TVM108	2581	2581	0	0	0				
		小计		10899	10899	0	0	0				

图 2.12　TVM 票款审核结果

（3）核对备用金部分，检查与该站备用金计划保有量是否一致。如不一致是否有备用金调整金额及备注。例如备用金调整金额或备注缺失、错误发送报表填写问题。

（4）核对实收及解行部分，检查计算本日实收金额合计是否准确。比较本日解行金额与本日实收金额是否一致，不一致时查看是否因补更正短款金额所引起。

（5）将客服员结算金额填写到"客服员结算单"结算结果中（见图2.13）。

本期统计开始日期：				本期统计结束日期：				
序号	车站	报表日期	审核人	差异类型	差异人员	差异金额	短款原因	
1	博物馆站	2016-1-1		客服员长款		4		
2	和兴路站	2016-1-1		车站短款		36	本日应收金额合计10685元，本日解行金额10649元，短款36元。	
3	学府路站	2016-1-2		客服员长款		2		
4	和兴路站	2016-1-2		客服员长款		4		

图 2.13　客服员票款审核结果

项目四　对审核结果的跟踪与处置

通过对现金票款报表的审核，可以得到以下几种结果：

一、结算现金收入

确认每个车站每日应收取的现金票款金额，作为统计票务收入的基本数据。

二、核算现金长短款

对审核过程中发现的人员、设备长短款差异情况，遵循"长款上交、短款补足"原则，对溢收款入账，对短款追查到责任人员并进行追缴。

三、发送数据问题

对审核过程中发现的由报表体现的自动售检票系统数据问题进行记录，并发送至相关部门做进一步跟踪和解决。

四、发送考核问题

对审核过程中发现的车站人员在票款作业中的不规范、不准确行为进行记录，并发送至相关部门做进一步的考核。

五、减少票款作业隐患

对审核结果的统计和分析可以发现，车站在票款作业中的异常情况，并根据异常情况的具体内容做进一步排查。

模块三 票卡作业基础知识

城市轨道交通票卡具有使用量大、使用频次高、循环使用的特点，为保证票卡能够满足运营需求并处于良好状态，需要对票卡进行包括库存管理、编码发行、分拣清洗、调配和使用监控分析等项管理和生产操作。本章节以哈尔滨地铁票卡作业为例进行讲解（见图3.1）。

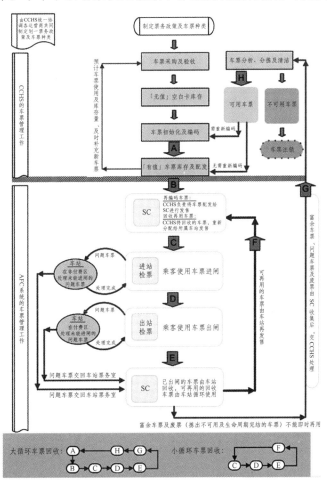

图 3.1 单程票卡全生命周期示意图

项目一　票卡基础知识

当前，城市轨道交通自动售检票设备使用的票卡主要为非接触式 IC 卡。

一、工作原理

非接触式 IC 卡又称射频卡，由 IC 芯片、感应天线组成，封装在一个标准的 PVC 卡片内。使用时，票卡读写器通过天线形成电磁场（13.56 MHz），在感应范围内，激发票卡内的同频率谐振电路产生电压和工作电流，支撑票卡完成读/写信息。

二、封装方式

随着城市轨道交通自动售检票行业的不断发展与规范，目前城市轨道交通行业使用票卡基本采用两种封装标准：一种为薄卡式车票（见图 3.2），尺寸规格约为 86 mm × 54 mm × 0.5 mm，目前北京、上海、哈尔滨等城市轨道交通使用薄卡式车票；另一种为 token 车票（代币式车票）（见图 3.3），尺寸规格约为 30 mm × 3.0 mm，目前广州、深圳、南京等城市轨道交通使用 token 车票。

图 3.2　薄卡式车票

图 3.3 token 车票

三、卡面打印号

薄卡式车票票面一般会有打印的车票编号，用于快速辨识票卡信息。由于各城市轨道交通都有各自的自动售检票技术标准，所以票面打印的车票编号也都有区别。以哈尔滨地铁为例，单程票票面打印号规则为：1 位供货商编号 + 1 位芯片商编号 + 4 位采购批次号 + 空格 + 17 位十进制物理卡号 + 1 位校验位。

项目二　票卡库存管理

专用票卡库存管理包括系统和实物两项管理模块，主要负责线网内流通性票卡的存储和中转业务，分别由"实物"和"账面"两方面的管理内容组成。中央票库共分为五大区域，便于日常票卡的使用和余量监控。中央票库所承担的作业内容主要包括新票采购到货的存储、线网票卡生产制作的存储以及线网票卡调配后的结余存储等工作内容（见图 3.4）。

图 3.4　中央票库实景图

一、库区划分

中央票库的区域按照票卡的不同性质、类型进行划分。分别是新票区、测试区、编码区、赋值区和废票区。新票区存储未经编码分拣机初始化的票卡；测试区存储系统设备功能性测试和维修设备时所使用的票卡；编码区存储经编码分拣机初始化后的票卡，包括待分拣和待清洗的循环票卡；赋值区存储经编码分拣机预赋值且在有效内期的有值票卡；废票区存储失效票卡、损坏票卡、过期票卡和待注销的票卡。

二、出入库办理规则

（1）按照票卡的不同性质、类型，票卡的出入库办理规则也有所不同。出入库办理的类型主要包括新票入库、生产出入库、调配出入库、借用归还出入库。

（2）办理出入库的票卡类型包括空白单程票、普通单程票、各票价预制票、纪念票、空白CPU卡、空白工作票、车站工作票、个性化工作票等。

三、票卡的库存保管及使用要求

（1）任何时间，票卡只能存放于中央票库、编码室、清洗室、车站票务室、客服中心、自动售票机、出站检票机、单程票人工回收箱，除特殊原因，任何人不可在其他地点放置票卡（测试用票卡除外）。

（2）中央票库及车站票务室票卡须严格执行分区管理，票卡在任何地点存放都要有相应人员负责。

（3）票卡经编码后在车站进行自动或人工发售，纪念票须按规定发售。

（4）循环使用的票卡由出站检票机回收，作为本站当日库存，并进行再次发售。除正常退款单程票外，其他人工回收票卡不得直接投入售票机发售。

（5）线网车站定期回收全部设备内票卡进行清点，并将实际盘点数量报至票务主管部门。车站票卡实际清点量与系统统计存量差异不应该超过1%（设备原因导致的差异除外）。一般情况下，中央票库和车站结存车票每月盘点一次。

项目三　票卡编码发行

城市轨道交通单程票卡一般由运营单位清分中心统一发行。票卡编码设备放置于票卡编码制作房间。票卡发行主要使用编码分拣设备、应用工作站管理系统、清点辅助器材等设备来操作完成。

一、票卡编码设备

（1）票卡的发行主要通过操作票卡编码分拣机进行。

（2）其由警示灯、发卡票箱、电源开关、触摸式显示屏票箱压板、紧急停止按钮、票卡传输装置、发票出纸口、刮卡模块、回收票箱组成。

（3）能够短时间内快速地、大批量地对非接触式 IC 卡票卡进行编码、赋值、分拣、核销等处理。

二、票卡发行设备的主要功能和参数

（1）编码分拣机能自动完成供票、编码、赋值、出票和票卡堆叠的功能（见图 3.5）。初始化编码数据由系统参数确定。

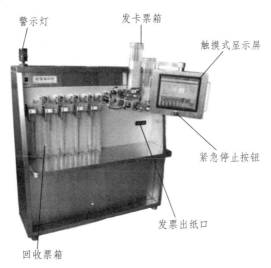

图 3.5　怡力 ES-901 型编码分拣机

（2）编码设备主要用于地铁单程票卡（0.5 mm 厚度的编码操作）的编码操作，可通过简单调整进行储值票卡（0.8 mm 厚度）的编码操作。

（3）票箱内的票卡数量可以检测，票箱空时能自动停机。共有 2 个供票箱、4 个回收箱和 1 个废票箱，容量分别为 750 ~ 1 000 张。

三、票卡编码任务的类别和作用

票卡编码任务类型包括初始化、重新初始化、预赋值、初始化+预赋值、注销。

1. 初始化

初始化指通过对票卡写入发行信息，使票卡可在本地城市轨道交通自动售检票设备中使用。所有新采购车票都需经过初始化处理。

2. 重新初始化

重新初始化指对已经进行循环使用的票卡进行重新初始化操作，一般用于因票卡发行信息出错导致票卡不能继续使用的情况。

3. 预赋值

预赋值指对已经过初始化的票卡写入可用于乘车消费的金额或乘车次数，经过预赋值的票卡可不通过发售设备进行发售而直接使用。

4. 初始化 + 预赋值

初始化 + 预赋值指对新采购车票同时进行初始化和预赋值操作。

5. 注　销

注销指清除票卡内除发行信息以外的其他信息，一般用于处置因有效期不足而不适合再继续使用的预赋值票卡。

四、设备运作处理

由工作站下达编码发行任务计划，E/S 设备显示屏上读取工作任务，供票模块上的刮票装置、天线、通道等部件启动，票卡由供票箱刮出，在天线位置进行读写，读写完成后经过入票通道进入回收箱。两组供票模块可单独或同时工作，同时工作时两组供票模块交替发卡。

五、系统运作处理

（1）由进票口天线装置进行寻卡；

（2）读取卡内数据信息；

（3）初始化信息数据准备，包括发行日期、票类型、发行流水号、密钥版本、发行MAC；

（4）准备初始化信息数据，会出现写卡成功和失败两种状态；

（5）写入初始化交易数据，包括票卡序列号、初始化时间、编码及设备编号、操作员编号、流水号；

（6）初始化信息数据操作完成。

项目四　票卡清洗分拣

由于票卡在循环使用过程中不可避免地会出现污损情况，所以需要定期回收循环票卡进行清洗和分拣操作，以保证票卡处于良好状态。票卡清洗操作一般通过票卡清洗机（卡式车票）和工业洗衣机（token车票）完成，票卡分拣操作一般通过手工和编码分拣机完成。

一、票卡清洗设备介绍

清洗机主要由发卡部件、洗涤槽、清洗槽、烘干槽、机箱及电气操作控制部分组成（见图3.6）。票卡由发卡部件发出后全程由橡胶辊输送。在洗涤槽中由水泵自清洗机水箱抽取清洗剂喷淋在票

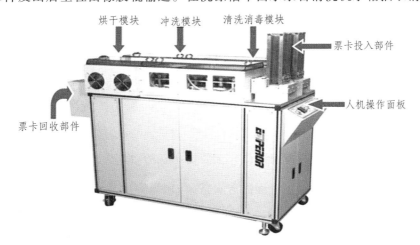

图3.6　熊帝JC-7100型票卡清洗机

卡表面，同时旋转的刷辊对卡表面进行刷洗去除污渍。在清洗槽中由水泵自清水水箱抽取清水喷淋在票卡表面，同时也有刷辊刷洗，去除已经洗掉的污渍及残余的清洗剂。在烘干槽中烘干后输送出票卡。

二、设备运作

1. 发卡部分

发卡部分主要由输送皮带、皮带轮、分卡辊、橡胶压辊、卡箱组成。工作时位于卡箱中的票卡在输送皮带表面摩擦力的带动下随皮带向前运动。分卡辊下缘与皮带表面的距离是可调的，正常工作时这个距离调整得比票卡的厚度略大，并且分卡辊的旋转方向与皮带的运动方向相反。当票卡运动到分卡辊位置时，因为分卡辊的反向旋转会阻挡除了最下面的一张票卡之外的其他票卡通过，最终使卡箱中的一叠票卡一张一张地被输送出来，送入洗涤消毒部分。

2. 洗涤部分

票卡的输送由上下成对相向旋转的橡胶输送辊完成。清洗液由水泵从水箱中抽取出来，通过上下成对的喷水管喷洒在票卡的上下待洗涤表面。在每两组输送辊之间又有上下成对的相向旋转的尼龙刷辊高速旋转，同时对票卡的上下表面进行刷洗。落于清洗槽底部的清洗液由回水口流回水箱循环使用。

3. 清洗部分

橡胶输送辊与尼龙刷辊的动作与洗涤部分相同。由水泵自清水水箱中抽取清水，通过上下成对的喷水管喷洒在票卡的上下表面，冲掉残余的污渍及清洗液。冲洗后的水由回水口流回水箱循环使用。

4. 干燥部分

干燥部分的挤水橡胶辊的动作与前两部分橡胶输送辊的运动方式相同。但是除了输送卡外相向旋转的挤水橡胶辊还会将票卡上下表面的清水挤掉。由风扇吹入经 PTC 空气加热器加热后的热空气将票卡表面残余的水彻底蒸发，热空气及少量的水汽由干燥部分上方排出。洁净干燥的票卡由最后一对橡胶辊送出清洗机。

三、设备操作

1. 使用前检查

开始使用前，应检查设备的电源线插接良好。清洗槽及水箱中应干净无异物。

2. 水箱加水

洗涤剂水箱中先加入 15 L 清水及 500 mL 中性洗洁精配置成洗涤剂（根据票卡的脏污情况可适当增减洗洁精的添加量），再加入两瓶盖的消泡剂（3‰）并搅拌均匀。清水水箱中加入 20 L 清水，再加入两瓶盖的消泡剂（3‰）并搅拌均匀。

3. 开启机器

开机后按下绿色启动按钮，通道电机运转，洗涤剂水泵及清水水泵开始工作。开启后按钮的绿色指示灯亮，也可操作屏幕按钮，分别打开各部分。正常情况下洗涤槽及清洗槽中的水管会有洗涤剂和清水喷出。

4. 开始洗票卡

将待洗的票卡放入票卡箱，票卡会由发卡部件的卡箱中发出，依次经过洗涤、清洗、烘干。洗票卡的过程中如需暂时停止，只需要按下红色停止按钮即可停止工作。如要恢复洗票卡，再按下开始开关（绿色按钮）即可。

5. 关机

清洗到设定数目的票卡后，机器会自动停机。待清洗的票卡清洗完毕后，可按下红色停止按钮停止洗票卡。停止后按钮的红色指示灯会亮起，将面板上的电源开关关闭，最后将空气开关扳到 OFF 位置，彻底切断设备电源。

四、手工分拣标准

对于出现以下情况的票卡视为不适合继续使用，需要手工分拣挑出待报废。

（1）票卡票面有折痕的。

（2）票卡票面无折痕但有较大弯曲、扭曲、凸起的。

（3）票卡断裂的。

（4）票卡缺角的。

（5）票卡票面磨损无法辨识卡号的。

（6）票卡被粘贴异物难以清除的。

（7）票卡被涂画严重的或有污渍难以清除的。

（8）票卡分层的。

（9）票卡被穿透的。

（10）票卡被腐蚀严重的。

项目五　票卡调配

票卡调配是指在线网各站所使用的票卡存量高于或低于制定的标准值时，由票务技术管理人员制订调配计划，启动增减调配任务。根据地铁线网规模，票卡调配一般分为两级管理和三级管理两种模式。两级管理指票卡由线网清分中心直接配送到车站，并由清分中心负责车站间票卡调配的计划制订；三级管理指票卡由清分中心配送到线路中心，再由线路中心配送至管辖范围内的车站，车站间的票卡调配由线路中心负责完成。目前，哈尔滨地铁由于开通线路较少，采用的是两级管理的票卡调配模式。

一、调配计划的制订

票卡管理人员负责根据车站票卡发售情况、中心票库票卡结存和车站票卡结存制订票卡调配总计划。票卡作业班组根据票卡调配总计划和班组人员出勤情况制订票卡调配日计划。

票卡管理人员根据票卡发售情况制订全线各车站票卡保有量计划，每周统计各车站库存量，对各车站票卡进行补充和调配，保证各车站票卡供应。调配总计划应明确车站、调配任务类型、调配数量。票卡作业班组制订票卡调配日计划时，应对票卡调配总计划进行分解，并明确线网各车站配收负责人员。联络线网车站管理部门通知车站提前做好准备工作，完成调出票卡的加封。

二、票卡调配操作

1. 票卡配送程序

（1）制订配票计划；

（2）通知配票人员；

（3）票卡出库配送；

（4）车站签收票卡；

（5）凭证、单据入账。

2．票卡调配、回收程序

（1）制订调配计划；

（2）通知相关车站加封票卡；

（3）通知配票人员；

（4）站间调票；

（5）车站签收票卡；

（6）凭证、单据入账。

项目六　票卡使用监控及其信息分析

一、票卡监控管理

为了有效监督线网票卡周转使用情况和减少票卡使用流失而制定此项工作环节。票卡监控管理包括对线网车站所提供的票卡储耗日报数据表单检验、票卡周转使用监控和车站现场检查。

1．报表数据监控操作

收取报表人员与收益审核工班交接票卡储耗日报数据表单，交于票卡监控人员。

票卡监控人员根据票务报表填写规范标准，检查票卡储耗日报数据表单填写是否准确。

发现涉及票卡数量填写问题时，应联系车站问明相关情况，并通知车站到票卡组更改报表。

发现涉及较大票卡数量填写问题或影响后续工作计划的问题时，详细记录并转交至收益审核工班。填写车站票务问题类表单时，应写明车站、日期、涉及人员及工号、问题类型、问题描述。

检验完成的票卡储耗日报数据表单由监控人员保管。

2．票卡使用监控操作

票卡监控人员每日下载由清分系统导出的数据报表。

将系统报表中当日的一票通交易统计数据进行提取并计算自动售票机、票房售票机、发售量和进出站检票机回收量。

计算发售量和回收量时，先行验证单程票与预制票进站数量之和是否与当日清分系统报表中的单程票客流量是否一致。

将计算得出的 TVM、BOM 发售量和 AG 回收量，以及车站报送的预制票发售结存数量、废票回收上交情况录入电子文档中。

查看各车站结存量偏移比例，对偏移方向为"不足"且偏移比例超过 40% 的车站根据实际情况确定配送数量。

3. 票卡盘点结存差异监控操作

票卡监控人员每周计算一票通交易统计数据，得出本期各车站票卡净流入量和净流出量。

在单程票卡结存差异统计表单中录入上期各车站调整库存量、本期调入量、本期调出量、计算本期各车站票卡净流入量和净流出量以及本期报送库存，查看库存差异和库存比例。

对库存差异比例超过 3% 的车站，与车站进行联络，确认最终库存量。

二、票卡分析管理

在运营时间内，乘客由于各种原因且办理的退票等手续所产生的票卡称为事务票卡。票卡管理工班需对车站提交的事务票卡进行票卡内数据分析，确定是否符合事务票卡的办理流程，检验事务票卡的真实有效性。票卡分析工作包括事务票卡分析和回收票卡分析。

1. 事务票卡分析操作

先行核对票卡数量与报送数量是否一致。

通过编码工作站读卡软件和 ACC 系统票卡交易查询功能，确认票卡状态，填写相应的记录表单，转交至收益审核班组进行信息确认。

2. 回收票卡分析操作

将定期回收的票卡进行数量统计。

通过编码工作站读卡软件和 ACC 系统票卡交易查询功能，确认票卡状态，对回收票卡的产生情况等问题进行分析，形成回收票卡分析报告，为业务调整和技术更新提供数据支撑。

项目七　工作票发行及使用管理

为方便内部工作人员通行和作业，城市轨道交通运营单位会发行供工作人员使用的工作票卡。由于管理方式不同，各城市轨道交通发行的工作票种类和使用方式不尽相同。以下就哈尔滨地铁工作票发行和使用规定进行介绍。

一、工作票的定义和分类

工作票是为规定范围内人员配发的具备身份识别、搭乘地铁等功能的有效凭证，包括员工工作票、临时工作票、委外工作票、限次工作月票、车站特殊工作票五种。

（1）员工工作票为记名车票，可在任意运营日无限制使用，检验进出站次序，不检验进出车站、乘车时长。

（2）临时工作票为不记名车票，可在任意运营日无限制使用，检验进出站次序，不检验进出车站、乘车时长。有效期以申领表中签订的有效期为准。

（3）委外工作票为记名车票，可在任意运营日无限制使用，检验进出站次序，不检验进出车站、乘车时长。有效期以申领表中签订的有效期为准。

（4）限次工作月票为不记名车票，限每月乘坐 70 次，每月 1 日乘车次数自动更新，乘车次数不累积至下月，检验进出站次序、乘车时长，不检验进出车站。有效期以申领表中签订的有效期为准。

（5）车站特殊工作票为不记名车票，可在指定车站无限制使用，不检验进出站次序、乘车时长。有效期以实时管理要求为准。

二、工作票业务办理的类型

工作票业务一般包括新办、补办、鉴定、挂失、解除挂失、卡解锁、注销等。

（1）新办，指为新的申请人创建账户并发行票卡。

（2）补办，指在票卡丢失、损坏等情况下，为使用人重新发行票卡。

（3）鉴定，指对票卡外观状态和卡内信息进行检验，以判断是否符合相关业务办理要求。

（4）挂失，指对票卡进行黑名单处理，使闸机在进出站时判断拒绝接受黑名单内票卡。

（5）解除挂失，指撤销对票卡进行的黑名单操作。

（6）注销，指清除票卡内所有信息。

三、工作票办理业务流程

下面以新办业务和鉴定回收业务为例进行介绍。

1. 新办业务

（1）审核办理部门或人员提交的"工作票新办申请表""工作票申领清单"，检验各审批部门人员签字是否齐全、填写信息是否准确无疑义。

（2）审核办理部门或人员提交的电子资料，检验电子资料内容是否齐全、是否与纸质资料一致、电子版照片格式是否符合要求。

（3）审核无误后，登录工作票信息软件建立员工账户，同一批次建立账户较多时，可使用批量导入建立账户功能。

（4）建立员工账户后，对员工账户建立工作票申请单，申请单中需准确录入权限信息、票种、使用次数、有效期，并在备注中注明"初次申请"。

（5）建立申请单后，登录小清分系统软件，在 E/S 管理-个性化车票管理界面中对申请单进行批准操作。

（6）完成批准操作后，登录工作票发行软件，开启个性化打印机并确认配置正确后，完成发卡操作。

（7）对申请的临时工作票，从建立申请单步骤开始操作，不新建账户。

2. 鉴定回收业务

（1）工作票鉴定包括对失效工作票和申退工作票的鉴定，经鉴定合格后方可回收。

（2）回收的工作票可分为失效不能使用的车票、因个性化信息不能再次使用的车票、可再次使用的车票（临时工作票）。

（3）回收的工作票应按以上三种性质分类保管。

（4）对于申退车票，应如实开具"工作票申退鉴定单"。"工作票申退鉴定单"一式两份，原件交由申退人员，复印件自行留存。

（5）对失效车票的鉴定标准：

① 票卡无缺角现象。

② 票卡边缘无断裂现象。

③ 票卡芯片位置无破损现象。

④ 票卡无穿孔现象。

⑤ 票卡无折痕。

⑥ 无法读取票卡信息或经测试证实在自动检票机上使用异常的。

（6）对申退车票的鉴定标准：

① 票卡无缺角现象。

② 票卡边缘无断裂现象。

③ 票卡芯片位置无破损现象。

④ 票卡无穿孔现象。

⑤ 票卡无折痕现象。

四、工作票发行设备

与一般票卡不同，工作票在发行过程中除使用读写器写入卡信息外，还需要在票面打印包括照片、姓名、编号、单位等个性化信息。目前，轨道交通运营单位一般都会使用成型的证卡打印机作为工作票个性化设备（见图 3.7）。

图 3.7　Datacard-sp75+型号证卡打印机

五、违规使用罚则

工作票为免费车票，一旦出现违规使用情况，则会造成运营票务收入的损失。以哈尔滨地铁相关规定为例，一旦发现将工作票借予他人、使用工作票带人进出站等违规行为，将按以下罚则进行处理：

（1）处以罚款 1 000 元。

（2）公司对违规使用工作票的员工全司通报批评，违规情况与员工年度考评、员工所在部门年度工作计划绩效考核挂钩。

（3）从通报之日起停止其工作票的乘车功能，缴纳罚款满 1 个月后恢复乘车功能。

项目八　测试票卡管理

在 AFC 设备软件升级、功能验证、新线 AFC 设备调试等运营和建设工作中，经常需要使用测试票卡进行相关测试和验证工作。针对测试票卡的管理一般按以下原则进行：

（1）为避免混淆和误用，测试票卡票面与正式使用票卡需要有明显区别。（见图 3.8）

图 3.8　测试票

（2）一般情况下，测试票卡只能发行测试密钥版本，不可在正式运营线路上使用。

（3）编码发行测试票时，应根据使用需求准确编辑编码发行信息，编码任务记录中明确登记为发行测试票卡。

（4）对使用归还后的测试票卡，需进行详细分拣，对发行为计次票的测试票卡需要单独存放保管。

（5）为设备厂商提供测试票卡时，需严格履行借用手续，并对归还的测试票卡进行认真清点。对于超出容许误差的缺失部分，应督促借用厂商及时补足。

（6）如因特殊需求在正式运行线路上使用测试票卡，需对测试票卡卡号做好详细记录，以便对测试产生的交易数据进行处理。

模块四　清分结算业务知识

在单线路运营情况下，由于只有一家运营单位进行管理，该运营单位为乘客提供了全部的服务，不存在票款收入清算的问题。在多条线路由多家运营单位负责的情况下，票款收入则需要按照多家运营单位所管辖的线路数量进行清分结算。所谓清分结算，就是把网络运营相关数据和运营收入进行汇总，然后再按照清分规则将收入分配至各条线路及各家运营单位。

以西安城市轨道交通网络为例（见图4.1），一名乘客在由西安地铁3号线胡家庙站进站，前

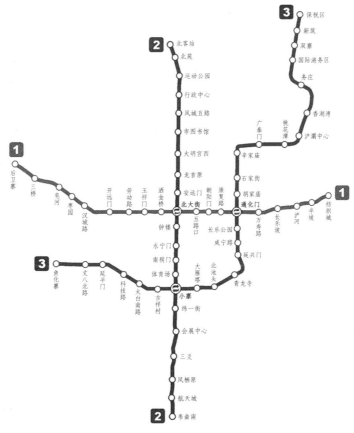

图 4.1　西安轨道交通网络

往西安地铁 2 号线会展中心站出站时，经历的路径可能为胡家庙—通化门—小寨—会展中心，也可能为胡家庙—钟楼—会展中心。在出现不同乘车路径选择的情况下，AFC 清分系统需要依靠清分规则对每一次乘车路径进行判断和分配，进而实现此次乘车票款收入和线路客流的合理清分。

与票务收益清分相关的属性主要包括建设成本、车站数量、线路里程、换乘站数量、换乘方式、行车间隔、服务时间、票务政策等。轨道交通系统票务收益清分的关键在于指定相对合理的清分原则，在此基础上细化出一系列清分规则，再通过清分算法计算出线路的分配比例。

项目一　票务收入结算内容

轨道交通 ACC 系统在处理"一票通""一卡通"交易数据的基础上，主要对以下费用进行结算：

一、票款、票卡处理服务费用结算、对账

需要清算的服务费用主要包括：

（1）"一票通"票卡的发行服务费。

（2）"一卡通""一票通"票卡的服务手续费。

（3）"一卡通""一票通"票卡的回收手续费。

（4）"一卡通"票卡的清算费（包含一卡通公司及 ACC 对每个参与运营单位应收取的实证交通手续的清算费用）。

（5）"一票通"票卡的清算费。

二、运营收入对账

"一票通"及"一卡通"跨区运费结算是以运营机构进站出站数据并通过运营单位出具的清分费率表进行计算的。ACC 对售票机运费交易数据进行确认及对账，用交易数据确定金额的流动，并计算各种费用。

项目二　ACC 与运营单位的对账流程

ACC 为各线路运营单位进行交易结算，同时作为各运营单位的代表，与"一卡通"管理中心和其他票款结算方进行清算。一般来说，清算的过程如下：

（1）各条线路的线路级中央计算机系统（以下简称 LCC）将"一卡通"数据和"一票通"交易数据传送给 ACC 进行处理结算，产生对账数据。

（2）ACC 接收各条线路的交易数据后，根据双方约定的清算对账标准进行清算对账。对于"一卡通"数据，将按照 ACC"一卡通"接口组织数据上送，并接收"一卡通"的反馈。对于"一票通数据"，将直接存及数据库进行处理，然后将对账数据下发给各条线路的 LCC。对账数据包括交易结算统计数据（当日上送的交易和当日进行调整的交易）、当日的错误交易明细以及当日进行调整的错误调整明细、黑名单、消费可用卡类型、结算错误代码等数据。

（3）ACC 清算管理系统将清算结果以报表形式传给各线路运营单位。

（4）线路运营单位如果对清算结果有疑义，则可向 ACC 提出申诉，双方协商解决。经 ACC 管理机构认可的交易可调整为正常交易，参与当日结算。

（5）ACC 的管理机构在清算过程中如对运营单位数据有疑义，也可组织运营单位协商解决。

项目三　换乘方式及票务收入清分简述

在线网中，如果乘客由车站 A 换乘到车站 B 所经过的路径是唯一确定的话，则每段运营线路的收益将是明确的。但是，由于路网中任意两点间的换乘路径往往不唯一，所以当由车站 A 换乘至车站 B 时，乘客可能会出于时间、步行距离、拥堵等原因而选择不同的换乘路径，这就为换乘路径带来了不可确定因素。

一、换乘方式

乘客在轨道交通线路之间发生换乘时，根据其是否经历进、出检票过程，其换乘方式分为无标记换乘和有标记换乘两种形式。

1. 无标记换乘

如果乘客在换乘车站无须经历一次出站再进站的检票过程中便可以在不同线路上乘车，则在乘客出站时系统无从知晓乘客的乘车路径。此种换乘方式为无标记换乘。

2. 有标记换乘

如果乘客在换乘车站或通过换乘通道需经历一次出站再进站的检票过程，则售检票系统能够记录乘客的路径信息。此种换乘方式为有标记换乘。

二、票务收入清分概述

在多线路多运营单位的情况下，由于通过终端设备所记录的信息已经不足以确定乘客的乘车路径，只能依据对乘客乘车行为的预测、日常运营过程中的统计以及相关乘客调查问卷等方式来计算乘客可能选择的各种路径的概率。依据此概率，可以计算出各运营单位所提供服务份额的权值，根据每个运营单位的服务份额进行清分。因此，需要各运营商制定出共同认可的一种清分比例。

换乘票务收入清分的目的就是依据清分规则，对票务收入进行及时、公平的清分，使各运营单位能够及时将各自的运营收入入账。清分结算可以充分、客观地反映轨道交通路网的客流情况，特别是各线路、各车站、各断面和各方向路径的客流情况。

对于不同的换乘方式，采用的清分算法也不同。

对于无标记换乘的清分路网，乘客从进站到出站，经过的路径和运营线路有多种选择。由于路径的不确定性，清分时可以采用路径算法、数理统计算法或模糊算法来确定各运营线路的票款收益。

对于有标记换乘的清分路网，当乘客换乘时，售检票系统会记录乘客的进站交易数据、出站交易数据、路径数据，就此可以获得换乘交易的一条完整的路径数据。根据路径数据，清分系统能够精确地清分各运营线路的收益。

项目四　票务收入清分算法

轨道交通各个车站可看成一个节点，在每条线路上的两个相邻车站之间由列车运行通路连接。这段车站间的通路称为路段，为路径组成的最小单位。若干车站和路段构成一条轨道交通线路，若干轨道交通线路构成了整个城市轨道交通线网，可以运用数学模型将确定线网中某两个车站之间的最优路线转化为最短路径问题。这样，清分问题实际上变成了在线网中根据最优目标寻找最优路径的问题，即寻径问题。

一、确定路段权重

根据不同的最优目标，可以定义相应的路段权重，作为寻径的重要依据。

确定路段权重主要有以下几种方法：

（1）将出行距离最短作为最优目标，选取路段长度作为路段权重。

（2）将出行时间最短作为最优目标，选取换乘次数或车辆班次的间隔时间作为路段权重。

二、乘客考虑的因素

（1）哪条线路路程最快或换乘次数少。

（2）哪条线路乘坐最舒适，车次之间的时间间隔较短。

三、根据线网的数学模型

根据线网的数学模型，有以下几种常用的清分算法：

1. 最短路径法

通过在线网中找出从 A 车站到 B 车站的一条确定的最短路径，然后按照各运营线路在此最短路径中所占的比例对每笔换乘交易的票款收益进行清分，即为最短路径法。

2. 多路径影响法

多路径影响法指对于从车站 A 到车站 B 的每条可能的路径都确定一个选乘概率，在确定参加选择路径的最多数量后，认定的选择路径是确定路径长短排序后依据参加分配的路径数量结合选乘概率后来确定的。

3. 人为比例分配法

根据目前轨道交通运营机构的管理需求，清分时也可以将整个轨道交通线网作为一个整体考虑，通过对整个网络中每条线路的里程数、走向、客流量和服务质量等进行综合评估后，人为规定每条线路都在整个轨道交通线网中的关于所有跨线换乘票务收益的清分系数。运营结束后，清分系统将对各线路按照既定的清分系数进行清分。这种方式下，对于任意两个站点之间的每一笔换乘交易不单独考虑清分。

4. 最短时间法

由于车站之间的里程是确定的，因此一般的概念总是用最短里程来搜索路径。但是对于大部分乘客来说，精确的历程长度是一个模糊的概念，而旅程所花费的时间却是每个乘客能明确感受到的，而且乘客选用轨道交通和选择乘坐路径的出发点多数是为了节省时间，因此可以用"最短时间"来确定路径。

5. 多因素修订综合优选多路径

由于网络中同样两点间的路径不唯一，因而影响乘客实际出行路径选择的因素较多，多因素修订的综合优选多路径算法是建立在多路径算法基础上的，以乘客出行选择因素作为修订依据。

项目五　待清分收入

清分系统清算票务收入时，需要根据一次交易的进出站节点信息进行计算，对于一些无进出站节点信息或进出站节点信息不全的交易（如未使用单程票的发售收入、付费补票收入）则无法正常清算，因此形成了待清分收入。对于待清分收入，一般会根据企业自身规定，按一定比例进行人工分摊清算。

项目六　清分结算结果

ACC完成清分结算后，最终出具的清分结果报表包含各运营单位应收的票款收入和应付的各类服务费用，实现对线网整体票款收入的合理分摊。

模块五 AFC 系统参数管理

城市轨道交通自动售检票系统参数与一般计算机系统参数一样，是系统状态、功能和行为的变量，各级 AFC 系统设备的功能表现很多都是由系统参数来控制的。一般情况下，AFC 系统参数均是由清分系统或线路中央系统来发布。

项目一　AFC 系统参数的分类

由于各城市自动售检票系统设计功能各不相同，涉及的系统参数分类和功能也各有区别。大体上可分为设备参数、运营参数、权限参数、车票参数和其他参数。设备参数主要是对系统中各种设备、设备内模块的定义说明以及设备运行个性参数的设置、管理；运营参数主要是对计价方案、票卡方案及站点的管理；权限参数主要是对使用 AFC 系统的使用人的账户、密码信息及权限的管理；车票参数主要是对车票类型的定义以及对不可再使用的设备、票卡的管理；其他参数主要是对系统如降级模式参数等其他功能的管理。

以哈尔滨地铁当前 AFC 系统参数设计为例，介绍 AFC 系统参数的具体分类（见图 5.1）。

（1）控制类参数，主要包括清分主控参数、即时主控参数、中央计算机主控参数。

（2）配置类参数，主要包括车站配置参数。

（3）运营类参数，主要包括通信控制参数、线路名称参数、车站名称参数、换乘站信息参数、TVM 界面定义参数、操作员参数、设备运营参数等。

（4）车票类参数，主要包括车票类型参数、时间参数、费率等级参数、费率值参数、票卡目录参数、模式履历、一票通黑名单参数、储值票黑名单参数、城市通黑名单参数等。

（5）对账类参数，主要包括交易对账参数、可疑\调整明细、清分结果、日结数据等。

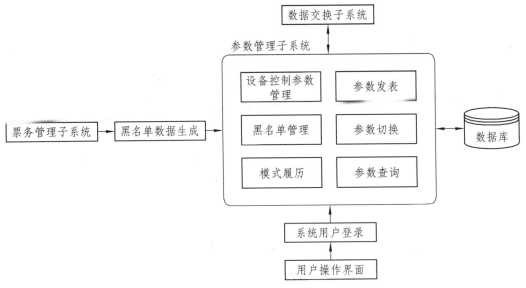

图 5.1　系统参数管理功能逻辑架构

项目二　AFC 系统参数的功能

以哈尔滨地铁自动售检票系统参数中车票类型参数的一段为例，阐述系统参数如何控制系统功能（见图 5.2）。

1	2	3	4	5	6								
车票类型费率索引	车票类型码	票种代码	车票类型中文名称	车票类型英文简称	车票控制码								
					是(1)/否(0)黑名单检查	是(1)/否(0)检查售票车站	是(1)/否(0)充值	是(1)/否(0)延期	是(1)/否(0)退票	是(1)/否(0)尾程优惠	是(1)/否(0)回收	允许(1)/禁止(0)高峰使用	计次票(1)/计值票(0)
1	0	16	城市通普通卡	CityPass Normal	1	0	1	1	0	0	0	1	0

图 5.2　车票类型参数片段

车票类型费率索引：值为 1，表示此类型车票执行的是代码为 1 的费率，即全额票价。

车票类型码：值为 0，表示此类型车票在系统内识别的车票类型为 0。

票种代码：值为 16，表示此类型车票在系统内识别的车票票种为 16。

黑名单检查：值为 1，表示此类型车票在使用时需要进行黑名单检验。

检查售票车站：值为 0，表示此类型车票在使用时不检验发售车站，即任一车站都可以使用。

是否充值：值为 1，表示此类型车票可以进行充值。

是否退票：值为 0，表示此类型车票不可以退票。

是否尾程优惠：值为 0，表示此类型车票不可以享受尾乘优惠。

允许/禁止高峰使用：值为 1，表示此类车票可以在客流高峰时间使用。

计次票/计值票：值为 0，表示此类车票为记值车票，消费单位为金额。

从对一条车票类型参数片段的说明可以看出，自动售检票系统通过对某一类型车票各项属性进行定义，来控制车票使用过程中的各种功能表现。实际上，系统中对车票类型参数的定义内容，还包括灯光显示编号、充值最大金额、充值步长金额单位、储值车票最大余额等40余项属性。

项目三　AFC系统参数的发布流程

由于AFC系统控制类参数对自动售检票系统功能影响重大，一旦出现问题可能对全线网自动售检票设备造成严重影响，所以AFC系统参数的发布工作必须严格遵照模拟试验、正线测试、正式发布的流程（见图5.3）。

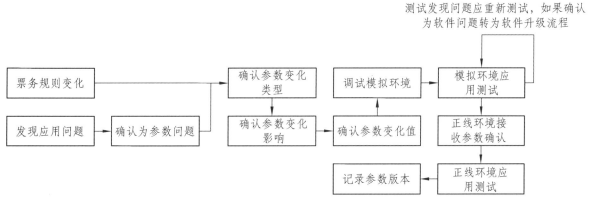

图5.3　参数发布流程

项目四　操作员参数的发布流程

操作员参数用于实现AFC系统操作员账号的新增、停用、延期、密码重置等功能。执行流程为：申请部门填写"AFC操作账号变更需求申请表"→申请部门主管人员审批→参数管理部门主管人员审批→参数管理部门操作人员编辑并核准参数→下发参数。

项目五　车票黑名单参数的发布流程

车票黑名单参数用于控制不符合使用条件的车票，一旦车票被加入黑名单参数中，此车票将无法进站和出站，同时车票自身也会被锁定。根据车票种类划分，车票黑名单参数同样分为一票通黑名单参数、工作票黑名单参数和一卡通黑名单参数。对应的执行流程如下：

一、一票通黑名单参数

业务管理人员制作"一票通黑名单下发计划表"→部门主管人员核准并审批→操作人员编辑并核准参数→下发参数。

二、工作票黑名单参数

业务管理人员对车票进行列入黑名单操作→清分系统自动生成工作票黑名单参数→清分系统自动下发工作票黑名单参数。

三、一卡通黑名单参数

一卡通公司后台系统发送一卡通黑名单至清分系统→清分系统检验并生成一卡通黑名单参数→清分系统自动下发一卡通黑名单参数。

模块六　客流数据统计和分析

客流数据是城市轨道交通运营过程中产生的重要数据。通过对客流数据的统计和分析，可以掌握某个时期内城市轨道交通实际运输乘客情况，并以此为基础对运营组织做出相应调整。与传统的人工统计客流方式相比，应用自动售检票系统后，客流数据可以直接从自动售检票系统对进出站交易的统计中获得。

项目一　基础客流数据的类别和含义

由于自动售检票系统记录的每一笔进出站交易都包括时间、位置和票种信息，并能够根据清分规则计算每一次进出站的乘车路径，所以可以各种信息为基础对客流数据进行统计。

一、进出站客流

进出站客流数据是最基础的客流统计内容，由自动售检票系统直接记录得出，可以直接反映进出站的乘客数量。以宏观层面进行统计时，可以获得全年或几年内城市轨道交通线网整体承载的运送旅客数量。在精细层面进行统计时，可以了解一个车站在一分钟内使用一种车票的乘客进出站数量。根据需求的不同，可以通过多种方式对进出站客流进行统计（见图 6.1 ~ 6.3）。

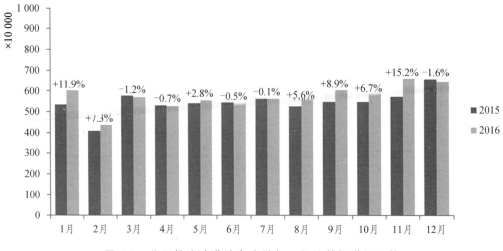

图 6.1 分月份统计进站客流并与一年的数据进行比较

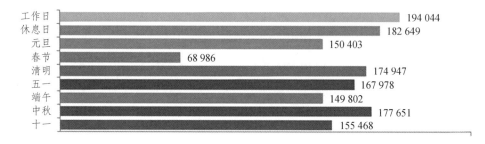

图 6.2 各节假日期间日均进站客流统计

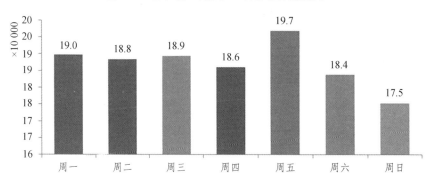

图 6.3 一周内客流变化情况统计

二、断面客流

断面客流是指在单位时间内，沿同一方向通过轨道交通线路某断面的乘客数量，即通过该断面所在区间的客流量，分为上行断面客流量和下行断面客流量。这一数据需要通过自动售检票系统根据每一位乘客的乘车路径计算得出（见图 6.4）。

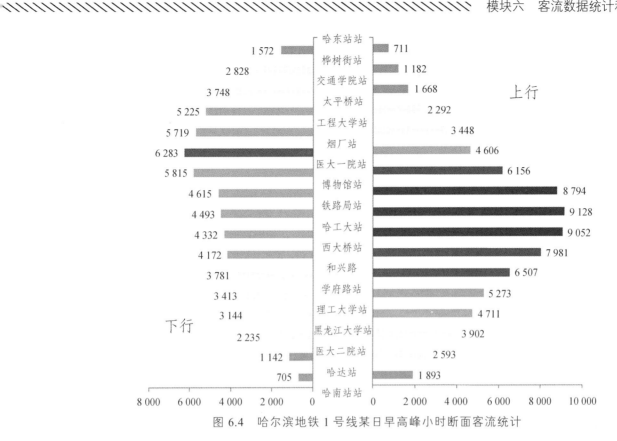

图 6.4 哈尔滨地铁 1 号线某日早高峰小时断面客流统计

三、换乘客流

换乘客流是指对城市轨道交通线网内不同线路之间换乘的乘客数量的统计。对于一条线路来说，换乘客流包括换入客流、换出客流、途径客流。其中，换入客流是指经由其他线路车站进站，到本线路车站出站的客流；换出客流是指在本线路车站进站，到其他线路出站的客流；途径客流是指进站和出站都非本线路车站，但在路径上经过本线路的客流。这一数据也需要通过自动售检票系统根据每一位乘客的乘车路径计算得出。

四、OD 客流

OD 客流是指在一张报表内展示城市轨道交通线网内经由每个车站进站、到每个车站出站的客流统计。"O"来源于英文 origin，指出行的出发地点；"D"来源于英文 destination，指出行的目的地。OD 客流是自动售检票系统对每一笔出站交易检验其进站位置后统计得出的，是计算断面客流与换乘客流的基础数据。

项目二　重要客流数据的指标含义和算法

在基础客流数据统计的基础上，可以衍生出许多对客流数据的统计和分析内容。但在实际管理工作中，不可能做到对所有客流数据的全面关注，所以城市轨道交通行业在经过多年的发展后，总结出部分能够直观反映运营情况的重要客流数据指标。

一、线路客运量

定义：统计期内，单线路承担运送乘客的数量。

单位：乘次/万乘次。

计算方法：线路客运量=本线进站客流+换入本线客流（包括目的地站在本线路和途经本线路的客流）。统计票种包括所有可在地铁使用的票种。

二、线网客运量

定义：统计期内，线网内各线路承担运送乘客数量的综合。

单位：乘次/万乘次。

计算方法：线网客运量 = $\sum$线路客运量。

三、线路出行量

定义：统计期内，利用城市轨道交通线路出行的乘客数量

单位：人次/万人次。

计算方法：线路出行量 = 本线进站客流。统计票种包括所有可在地铁使用的票种。

四、线网出行量

定义：统计期内，利用城市轨道交通线网出行的乘客数量。

单位：人次/万人次。

计算方法：线路客运周转量 = ∑线路出行所有乘客乘坐里程。

注：计算方法仅为累加，无法再进一步描述。

五、线路客运周转量

定义：统计期内，线路上乘客乘坐里程的总和。

单位：万乘次千米。

计算方法：线路客运周转量 = ∑乘客乘坐里程。

六、线网客运周转量

定义：统计期内，线网乘客乘坐里程的总和。

单位：万乘次千米。

计算方法：线网客运周转量 = ∑线路客运周转量。

七、单站换乘客流量

定义：统计期内，统计换乘站内各线路间每日换乘客流数量。

单位：人次/万人次。

计算方法：根据线网 OD 和清分模型计算经由某一换乘站换乘乘客人数。

八、线网换乘客流量

定义：统计期内，线网所有换乘站换乘客流数量。

单位：人次/万人次。

计算方法：线网换乘客流量 = ∑换乘站换乘客流数量，或线网换乘客流量 = 线网客运量 – 线网出行量。

九、线网换乘系数

定义：衡量线网内部连通性的指标，越低则内部连通性越好。

单位：无。

计算方法：线网换乘系数 = 线网客运量/线网出行量。

十、线路客运强度

定义：反映统计期内线路单位长度上的载客量，在一定程度上体现线路运营效率。

单位：万乘次/千米。

计算方法：线路客运强度 = 线路客运量/线路运营长度。

十一、线网客运强度

定义：反映统计期内线网单位长度上的载客量，在一定程度上体现线网运营效率。

单位：万乘次/千米。

计算方法：线网客运强度 = 线网客运量/线网运营长度。

十二、线网出行强度

定义：反映线网统计期内单位长度上的出行量，在一定程度上体现线网使用效率。

单位：万人次/千米。

计算方法：线网出行强度 = 线网日均出行量/线网运营长度。

十三、线路高峰小时断面客流量

定义：统计期内线路高峰小时内最大断面区间经过的客流量。

单位：人次/万人次。

计算方法：由清分系统根据乘客 OD 计算得出。

指标说明：除高峰 1 小时统计外，还可以进行高峰半小时或高峰 15m 统计。由于各线路发车间隔较长（＞5 m），不建议进行 15 m 以下时间段的统计。

十四、线路平均乘距

定义：统计期内，某一线路所有乘客乘车距离的平均值。

单位：千米。

计算方法：线路平均乘距＝线路客运周转量/线路出行量。

十五、线网平均乘距

定义：统计期内，线网所有乘客乘车距离的平均值。

单位：千米。

计算方法：线网平均乘距＝线网客运周转量/线网出行量。

模块七　AFC 中央系统维护

AFC 中央系统包括清分系统（ACC）及线路中央系统（LC），是轨道交通 AFC 系统的核心。在硬件方面，AFC 中央系统主要由服务器设备、存储设备、网络设备、安全设备、不间断电源和各类工作站构成；在软件和系统方面，AFC 中央系统主要包括操作系统软件、数据库软件、应用软件、安全防御软件和监控维护软件。下文就 AFC 中央系统构成和日常维护内容进行介绍。

项目一　系统构成

各城市轨道交通 AFC 中央系统设计、系统荷载量均有所区别，下文主要对哈尔滨地铁当前 AFC 中央系统构成进行介绍。

一、清分系统（见表 7.1）

以上设备中，第 1、5、6 项为服务器设备，用于运行系统功能所需的各类程序；第 3、4 项为存储设备，用于存储由 AFC 终端设备产生的所有交易数据；第 2、8、10 项为网络设备，用于实现与其他系统和本系统各设备间的网络连接；第 7 项"加密机"为清分系统独有设备，用来进行车票发行过程的加密发行和对 AFC 系统交易数据的解密验证；第 9 项为安全设备，用于防御可能出现的系统入侵和病毒感染。

表 7.1 清分系统

序号	分类	设备	厂家/型号	安装位置	功能描述
1	清分生产系统	清分服务器	IBM/P750	SCCHS 机房	数据库服务器，运行 Oracle 数据库管理软件
2		SAN 交换机	IBM/SAN24B	SCCHS 机房	存储数据交换
3		磁盘阵列	IBM/DS5020	SCCHS 机房	提供数据存储功能
4		磁带库	IBM/TS3100	SCCHS 机房	提供数据备份功能
5		多功能 PC 服务器	IBM/x3850X5	SCCHS 机房	通信前置机 负责与 LCC、城市通等系统进行通信数据交互
6		防病毒 PC 服务器	IBM/x3650M4	SCCHS 机房	病毒防护 Server 端
7		加密机	卫士通/SJL05	SCCHS 机房	数据验证、加密
8		三层交换机	H3C/7506E	SCCHS 机房	通信数据交换
9		防火墙	H3C/F1000-S	SCCHS 机房	网络安全
10		路由器	H3C/MSR3020	SCCHS 机房	网络安全，用于与城市通系统的连通
11		工作站	Dell/390MT	SCCHS 管理室	参数管理 报表打印 票务管理 系统管理 监控管理

二、1 号线中央系统（见表 7.2）

表 7.2 1 号线中央系统

序号	分类	设备	厂家/型号	安装位置	功能描述
1	LC 系统	数据库服务器 1	IBM/P750	LC 机房	用于支持 LC 系统正常运营所需的数据库环境
2		数据库服务器 2	IBM/P750	LC 机房	用于支持 LC 系统正常运营所需的数据库环境
3		通信服务器 1	IBM/X3650	LC 机房	进行 CCHS 与 LC 之间、LC 与 SC 之间数据交换业务
4		通信服务器 2	IBM/X3650	LC 机房	通信服务器 1 的备份服务器
5		历史数据服务器	IBM/X3650	LC 机房	用于历史服务器的备机使用，安装历史服务器软件
6		网络管理服务器	IBM/X3650	LC 机房	安装专业网络管理软件、瑞星杀毒软件、NBU 等应用软件，实现 AFC 系统网络管理、病毒库管理、数据备份管理等功能

续表

序号	分类	设备	厂家/型号	安装位置	功能描述
7		维修管理服务器	IBM/X3650	LC 机房	用于监控 AFC 设备故障，并记录故障的维修耗时，输出设备故障报表
8		主核心交换机	H3C/7506E	LC 机房	主要用于车站与线路、线路与清分之间的网络连接，数据交换
9		备核心交换机	H3C/7506E	LC 机房	主要用于车站与线路、线路与清分之间的网络连接，数据交换
10		主二层交换机	H3C/S7506E	LC 机房	用于工作站计算机及应用服务器的连接
11		备二层交换机	H3C/S7506E		用于工作站计算机及应用服务器的连接
12	LC 系统	防火墙	NGFW4000	LC 机房	用于防止有伤害性的网络行为
13		IPS 入侵防御系统	S3100V2 series	LC 机房	入侵预防系统是能够监视网络或网络设备的网络资料传输行为的计算机网络安全设备，能够即时中断、调整或隔离一些不正常或是具有伤害性的网络资料传输行为
14		不间断电源（UPS）	EMERSON	UPS 电池间	主要用于给计算机、服务器、计算机网络系统、工作站等设备提供不间断的电力供应
15		磁盘阵列	DS5200	LC 机房	用于支持 LC 系统的数据海量存储
16		磁带库	IBM TS3100	LC 机房	用于支持 LC 系统的数据海量存储
17		工作站计算机	HP 830	LC 管理室	用于监控设备、执行脚本、查询数据等操作

以上设备中，第 1~7 项为服务器设备，第 8~11 项为网络设备，第 12、13 项为安全设备，第 14 项为不间断电源（用于外部供电中断时为系统临时供电），第 15、16 项为存储设备（见图 7.1~7.5）。

图 7.1　PC 服务器

图 7.2　清分服务器（小型机）

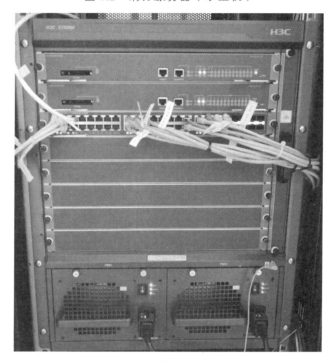

图 7.3　核心交换机

图 7.4　磁盘阵列

图 7.5　防火墙

项目二 系统维护

对 AFC 中央系统的维护主要包括五个方面：一是日常对系统硬件状态和机房环境的巡视检查；二是对系统软件的巡视检查；三是对系统数据的检查和处置；四是对设备异常情况的检验和分析；五是对各级系统数据的查询和分析。

一、系统硬件状态和机房环境的巡视检查

此项工作主要通过观察各类设备指示灯和环境监控测量结果，判断设备和环境是否处于正常状态。具体巡查项目举例如表 7.3 所示。

表 7.3 系统硬件和机房环境巡查

序号	项　目	标　准
1	服务器	1. 各设备状态指示灯是否正常，有无告警
		2. 网卡指示灯是否正常
		3. 设备电源指示灯是否正常
		4. PDU 指示灯是否正常
		5. 各设备无异响异味，连接线缆紧固，完好无破损，设备无其他异常
2	网络设备	1. 各设备状态指示灯是否正常，有无告警
		2. 网卡指示灯是否正常
		3. 设备电源指示灯是否正常
		4. PDU 指示灯是否正常
		5. 各设备无异响异味，连接线缆紧固，完好无破损，设备无其他异常
3	磁盘阵列	1. 各设备状态指示灯是否正常，有无告警
		2. 网卡指示灯是否正常
		3. 设备电源指示灯是否正常
		4. PDU 指示灯是否正常
		5. 各设备无异响异味，连接线缆紧固，完好无破损，设备无其他异常
4	磁带机和磁带库	1. 各设备状态指示灯是否正常，有无告警
		2. 网卡指示灯是否正常
		3. 设备电源指示灯是否正常
		4. PDU 指示灯是否正常
		5. 各设备无异响异味，连接线缆紧固，完好无破损，设备无其他异常
5	空调工作状态	绿灯和红灯同时亮
6	温度（℃）/湿度（%）情况	18 ℃～28 ℃/40%～55%（不结露）

二、系统软件的巡视检查

此项工作主要通过系统命令获取系统时间、文件、进程状态，并查看是否符合标准。示例如表 7.4 所示。

表 7.4　系统软件巡查

设备名称	设备类型	巡视类型	项　目	命　令	说　明
多功能 PC 服务器	X3850	系统查询	文件系统	#df	检查文件系统的使用率（90% 以上，需要调整）
			检查系统时间	#date	检查系统时间是否偏离
			检查读取通信系统时钟源程序是否正常	#tail － f /home/hrbcchs/systime/timesyn.log	查看日志是否有错误信息
			检查后台常驻进程是否正常	#ps － ef|grep cchs	cchs_es_dx
					cchs_lcc_dx
					cchs_es_dp
					cchs_svt_ld
					cchs_lcc_dp
			错误文件检查	/data/lcc/error	检查/data/lcc/error 下是否存在文件，无为正常，有为异常
		软件巡视	定时调用进程日志检查	tail -100 xxxx.log	log_cit_fp.log
					log_cit_mg_log
					log_cit_dw.log
					cit_up.log（在 126 服务器上）

输入命令 lssrc-g cluster，查询双机软件状态，双机的管理进程和监控进程都要在激活状态，双机状态正确，如下所示：

```
# lssrc -g cluster
Subsystem          Group           PID          Status
clstrmgrES         cluster         6291710      active
clinfoES           cluster         9633826      active
# clstat

           clstat - HACMP Cluster Status Monitor
           ------------------------------------------

Cluster: scchs   (1592687452)
Wed Jun 25 16:25:08 CST 2014
              State: UP                    Nodes: 2
              SubState: STABLE

        Node: scchs01boot1              State: UP
           Interface: scchs01boot1 (1)      Address: 170.11.10.1
                                            State:   UP
           Interface: scchs01boot2 (1)      Address: 170.11.11.1
                                            State:   UP
           Interface: diskbt01 (0)          Address: 0.0.0.0
                                            State:   UP
           Interface: dbsvr (1)             Address: 172.16.1.105
                                            State:   UP
           Resource Group: oracle                  State:   On line
        Node: scchs02boot2              State: UP
           Interface: scchs02boot1 (1)      Address: 170.11.10.2
                                            State:   UP
           Interface: scchs02boot2 (1)      Address: 170.11.11.2
                                            State:   UP
           Interface: diskhb02 (0)          Address: 0.0.0.0
                                            State:   UP
```

三、系统数据的检查和处置

此项工作主要通过检查各级系统是否存在数据文件积压情况，并对积压的数据文件进行处理，以保证系统数据的准确性和完整性。示例如下：

1. CCHS 数据积压时处理方法

（1）检查/data/lcc/ready 下是否有文件积压，当文件数量超过 30 个，需要处理。

（2）依次执行以下命令：

① kill_lcc_dx，

② kill_lcc_dp。

再依次执行：

① strart_lcc_dx.sh，

② strart_lcc_dp.sh。

四、设备异常情况的检验和分析

此项工作主要是在系统或设备出现异常情况时，通过分析日志、数据库等方式，查找确认原因并做出进一步处置。设备日志示例如下：

```
$DEBUG 2019-06-30 11:01:55.727@00000000@0000@[../UartHrb.cpp] [296]select() begin
$DEBUG 2019-06-30 11:01:55.727@00000000@0000@[../TpuUnitCss/TpuUnitCss.cpp] [110] 解锁
$ INFO 2019-06-30 11:01:55.727@00000000@0000@CTpuUnitHrb.GetStatus()-[1422] comPath = [/dev/ttyS4] , iRet = [0x00]
$DEBUG 2019-06-30 11:01:55.727@00000000@0000@CTpuUnitHrb.GetStatus()-[1430] comPath = [/dev/ttyS4] , tpuStatus = [0xfe]
$DEBUG 2019-06-30 11:01:55.727@00000000@0000@CTpuUnitHrb.InitTpu()-[630]Param[In] as follow:
$DEBUG 2019-06-30 11:01:55.728@00000000@0000@CTpuUnitHrb.InitTpu()-[632]stInitData.DelayTime   - [10000]
$DEBUG 2019-06-30 11:01:55.728@00000000@0000@CTpuUnitHrb.InitTpu()-[634]stInitData.DeviceCode = [01561897]
$DEBUG 2019-06-30 11:01:55.728@00000000@0000@CTpuUnitHrb.InitTpu()-[638]stInitData.DeviceHdType = [0x18]
$DEBUG 2019-06-30 11:01:55.728@00000000@0000@CTpuUnitHrb.InitTpu()-[640]stInitData.StationPLInfo = [0156]
$DEBUG 2019-06-30 11:01:55.728@00000000@0000@CTpuUnitHrb.InitTpu()-[643]stInitData.OperationDate = [20190630]
$DEBUG 2019-06-30 11:01:55.728@00000000@0000@CTpuUnitHrb.InitTpu()-[647]stInitData.CurrentDate - [20190630]
$DEBUG 2019-06-30 11:01:55.728@00000000@0000@CTpuUnitHrb.InitTpu()-[651]stInitData.DeviceTestMode - [0x00]
$DEBUG 2019-06-30 11:01:55.728@00000000@0000@CTpuUnitHrb.InitTpu()-[653]stInitData.OperaterID  - [10002392]
$DEBUG 2019-06-30 11:01:55.729@00000000@0000@CTpuUnitHrb.InitTpu()-[657]stInitData.TransferStationFlag = [0x00]
$DEBUG 2019-06-30 11:01:55.729@00000000@0000@CTpuUnitHrb.InitTpu()-[659]stInitData.ReaderPlace = [0x00]
$DEBUG 2019-06-30 11:01:55.729@00000000@0000@CTpuUnitHrb.InitTpu()-[661]stInitData.ErrFareCtrMax = [0x4]
$DEBUG 2019-06-30 11:01:55.729@00000000@0000@CTpuUnitHrb.InitTpu()-[663]stInitData.WaitTimeForCardWR = [0x30]
$DEBUG 2019-06-30 11:01:55.729@00000000@0000@CTpuUnitHrb.InitTpu()-[665]stInitData.RetryTimesForCardWR = [0x8]
$DEBUG 2019-06-30 11:01:55.729@00000000@0000@CTpuUnitHrb.InitTpu()-[667]stInitData.AntennaConfig - [0x01]
$DEBUG 2019-06-30 11:01:55.729@00000000@0000@[../TpuUnitCss/TpuUnitCss.cpp] [102] 加锁
$DEBUG 2019-06-30 11:01:55.730@00000000@0000@[../UartHrb.cpp][1949][Init_TPU][send msg content]:
00 01 02 03 04 05 06 07 08 09 0a 0b 0c 0d 0e 0f
02 2E 00 01 53 00 10 10 27 00 00 01 56 18 97 18
01 56 00 00 00 00 20 19 06 30 20 19 06 30 00 00
00 10 10 80 23 92 00 00 04 00 1E 00 08 00 01 FF
FF FF FF EE 03
```

五、各级系统数据的查询和分析

此项工作主要针对通过系统报表无法查看的数据，以查询数据库的方式进行提取、整理和展示。数据库查询语句实例如下：

```
select  to_char(to_date(sysdate)-1,'yyyymmdd')   d_t,t.dtllineid
l_id,t.dtlstationid  s_id,t.dtlacctype  a_type,count(1)  con,t.dtllin-
eid||t.dtlstationid sta_id from tbl_dtl_metro_match_inf t
where t.dtlcendate=to_char(to_date(sysdate)-1,'yyyymmdd')
and t.dtlyktflag in (1,3)
and t.dtlacctype=7
and t.dtltxntype=1
group   by    to_char(sysdate,'yyyymmdd')-1,t.dtllineid,t.dtlsta-
tionid,t.dtlacctype
),
c as
(
select   to_char(to_date(sysdate)-1,'yyyymmdd')   d_t,t.dtllineid
l_id,t.dtlstationid     s_id,t.dtlacctype      a_type,nvl(count(1),0)
con,t.dtllineid||t.dtlstationid sta_id from tbl_dtl_metro_jtykt_inf t
where t.dtlcendate=to_char(to_date(sysdate)-1,'yyyymmdd')
and t.dtlyktflag =0
and t.dtltxntype=1
group   by    to_char(sysdate,'yyyymmdd')-1,t.dtllineid,t.dtlsta-
tionid,t.dtlacctype
)
```

模块八 互联网票务简介

近年来，随着移动端支付技术的迅速发展，互联网支付方式不断丰富，城市轨道交通自动售检票系统也开始逐渐兼容新的互联网支付方式。各城市轨道交通实现互联网票务功能采用的技术方式各有不同，下文以哈尔滨地铁为例，对城市轨道交通互联网票务业务内容进行介绍。

项目一 扫手机二维码过闸

一、二维码过闸的使用方式

（1）安卓手机用户可以下载"哈尔滨城市通"APP 或关注"哈尔滨城市通"微信公众号获得乘车二维码（见图 8.1）。

（2）苹果手机用户需要关注"哈尔滨城市通"微信公众号获得乘车二维码，暂时不能使用手机 APP（见图 8.2）。

（3）使用方式：生成二维码→对准闸机扫码头→通过闸机（见图 8.3）。

二、二维码进出站规则

（1）乘客在生成二维码后 2 分钟内可以扫码进站或扫码出站。如超出 2 分钟，则需要操作点击刷新二维码。

图 8.1　手机 APP 获取二维码方式　　　　图 8.2　微信公众号获取二维码方式

图 8.3　使用方式

（2）乘客使用二维码刷进站后，10 分钟内无法再次刷进站（包含本站和其他车站）。同样，二维码刷出站后，10 分钟内也无法再次刷出站（包含本站和其他车站）。

（3）乘客使用二维码刷进站后，可以立即刷出站。同样，使用二维码刷出站后也可以立即再次刷进站。

（4）与单程票、城市通卡"一进一出"的使用规则不同，乘客在没有扫码进站的情况下，依然可以扫码出站。实际上，每次扫码进站或者扫码出站 10 分钟后，就可以再次扫码进站或者出站。

三、二维码扣费方式

二维码乘车扣费包括正常扣费、补登记扣费、未补登扣费。

1. 正常扣费

与城市通卡出站时直接扣费不同，乘客在使用二维码进出站时，需要由系统后台对乘客进出站记录进行配对。乘车进出站记录完整时，会按进出站记录中的车站信息计算票价，并在乘客账户中扣除当次乘车费用（见图 8.4）。正常情况下，当日便可完成费用扣除。

图 8.4　正常扣费

2. 补登记扣费

如果乘客乘车记录不完整（缺少进站或出站），系统会在 3 天内通过手机 APP 提示乘客登记补全乘车记录。乘客完成登记补全后，系统会根据乘客登记的信息计算票价并进行扣费。

另外，为避免过多的补登记行为造成使用漏洞，目前乘客一年内补登记超过 3 次后，账户就会被锁定，需要联系城市通客服热线进行处理。

3. 未补登扣费

如果乘客在收到补登提示后 3 天内未操作补登，系统会根据单边扫码记录里的车站信息，自动扣除该车站最高票价费用（见图 8.5）。

图 8.5　未补登扣费

四、二维码过闸技术的原理

（1）通过手机 APP 或微信公众号生成包含有加密验证信息的二维码图片。

（2）闸机通过二维码读头扫描二维码，读取二维码内加密信息并进行验证，对验证通过的二维码执行下一步流程。

（3）闸机向后台系统发送防复制验证交易报文，后台系统判断二维码关联账户乘车状态，如允许进站/出站则向闸机反馈相应结果。

（4）闸机根据系统后台反馈的结果，完成进出站动作并生成交易记录。

（5）后台系统根据统一账户生成二维码的进出站交易记录，计算一次乘车旅程的票价，并在乘客账户中扣除相应费用。

项目二　刷手机银联闪付过闸

一、手机银联闪付使用方式

（1）使用华为 pay、苹果 pay、三星 pay 和小米 pay，绑定使用符合银联标准（62 开头）的工商银行、交通银行、广发银行、浦发银行、邮储银行、招商银行（仅限借记卡）银行卡。（指定银行为商务合作限制，与功能无关）

（2）手机打开 NFC 功能后，将手机贴近闸机刷卡感应区，手机屏幕会显示调出银联闪付应用。

（3）输入密码或指纹验证，使手机银联闪付应用获得消费授权。

（4）将手机贴近闸机刷卡感应区，扇门打开（见图 8.6）。

图 8.6　手机银联闪付

二、手机银联闪付进出站规则

（1）与二维码过闸一样，乘客使用手机闪付刷进站或出站后，10 分钟内无法再次重复刷进站或出站，但在进站后可以立即刷出站。

（2）与单程票、城市通卡"一进一出"的使用规则不同，乘客在没有手机闪付进站的情况下，依然可以扫码出站。实际上每次手机闪付进站或出站 10 分钟后，就可以再次扫码进站或者出站。

三、手机银联闪付扣款规则

（1）与二维码过闸一样，使用手机闪付过闸，同样由系统后台根据进出站记录计算票价，并在银行账户中直接扣除。

（2）与二维码过闸不同，使用手机闪付过闸，如果出现进出站记录不完整的情况，无法通过手机 APP 自助补登进出站信息。

（3）在出现不完整进出站记录（单边交易）3 天后，系统会根据单边交易中的车站信息，自动扣除该车站最高票价费用。

四、手机银联闪付过闸技术的原理

（1）手机银联闪付技术是基于中国银联制定和推广的手机闪付功能标准，可以认为是将手机模拟成为一张具有非接触读写功能的银行卡。

（2）乘客在完成指纹/密码验证并将手机放置于闸机刷卡区时，闸机读取并验证手机 pay 加密信息。

（3）闸机验证手机 pay 加密信息后，同样执行向后台系统发送防复制验证报文→后台系统反馈验证结果→闸机完成进出站动作→闸机生成进出站交易→后台系统匹配计算票价并扣款。

五、刷银行卡过闸

支持刷手机银联闪付的闸机，同样也支持直接刷银行卡过闸，技术原理、进出站规则与扣费方式与刷手机银联闪付过闸一致。使用方法为与使用一卡通车票一样，将银行卡置于闸机刷卡区即可进出站。（见图 8.7）

图 8.7　刷银行卡过闸

项目三　扫码支付购票

一、扫码支付购票的使用方式

（1）扫码支付购票需使用单独设置的互联网购票机（有些城市轨道交通车站内普通自动售票机也具有扫码支付功能）（见图 8.8）。

图 8.8　互联网购票机

（2）通过触摸屏选择目的车站或购买票价，并选择购买张数（见图 8.9）。

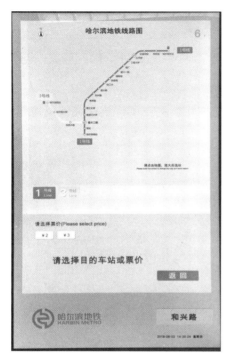

图 8.9　选择目的车站或票价

（3）设备显示屏生成付款二维码，使用微信或支付宝扫码完成付款后便可取得车票（见图 8.10）。

图 8.10　扫码支付

二、扫码购票技术的原理

（1）乘客操作选择购票价格和数量后，互联网购票机将生成付款码，形成一笔互联网支付订单。

（2）乘客进行扫码支付后，微信/支付宝后台系统将互联网支付订单完成情况通知地铁互联网票务后台系统。

（3）互联网票务系统后台将订单完成情况反馈至互联网购票机，互联网购票机根据反馈结果完成出票。

项目四　刷手机一卡通过闸

手机一卡通是通过具有 NFC 功能手机的卡模拟模式，将手机模拟为一张一卡通车票并在地铁、公交等消费领域使用。虽然这一技术不属于互联网支付方式，但同样非常便捷。

一、刷手机一卡通使用方式（见图 8.11）

图 8.11　手机一卡通的使用

（1）在手机钱包应用中开通交通卡，并进行充值。

（2）使用时，在电子钱包中调出交通卡。

（3）将手机贴近闸机刷卡感应区，扇门打开。

二、刷手机一卡通的原理

手机一卡通是应用了 NFC 手机的卡模拟模式，由一卡通发行单位和手机制造商合作，将手机模拟为一张符合发行标准的一卡通票卡（见图 8.12）。对于 AFC 终端设备来说，手机一卡通与实体一卡通票卡是完全一致的，相应的业务处理也完全相同。

图 8.12　手机一卡通

附录 票务专业名词

票务专业名词是对设备设施、系统层级、票种类别在内的专属名词的定义。

AFC（自动售检票系统），英文 Automatic Fare Collection 的缩写。

SC（车站计算机系统），英文 Station Computer System 的缩写。

TVM（自动售票机），英文 Ticket Vending Machine 的缩写。

BOM（票房售票机），英文 Booking Office Machine 的缩写。

AGM（自动检票机），英文 Automatic Gate Machine 的缩写。

LCC（线路中央计算机系统），英文 Line Central Computer System 的缩写。

预制单程票，经 E/S 编码分拣机预先赋值的单程票。

票样，厂家送来作物理特性、票卡质量鉴定的票卡版本。

样票，在发行各种新版面票卡时，按规定领取一定数量未赋值的票卡，用于存档、设计参考、营销推广等。

测试票，用于 AFC 设备测试的票卡。

新票，是指未经编码分拣机编码信息的票卡。

编码票，是指经过编码分拣机初始化且未赋值的票卡。

事务车票，是指客服员办理一些特殊乘客事务时回收的且需作为结算依据的票卡。

失效票卡，是指由于卡片内部结构损坏，无法在设备上读取信息的票卡。

折损票卡，是指由于弯折、断裂、磨损严重等原因无法继续使用的票卡。

人工回收票卡，是指投入人工回收箱后清出的票卡。

废票，是指从 TVM、BOM、AG、编码分拣机废票箱内清出的票卡。

参考文献

［1］ 赵瞬尧，王敏. 城市轨道交通票务管理[M]. 重庆：重庆大学出版社，2013.

［2］ 哈尔滨地铁集团有限公司. 哈尔滨城市轨道交通 AFC 系统技术规程[OL]. 2011.